50~80cm

嬰幼兒
織物作品集

50~80cm

嬰幼兒
織物作品集

軟萌穿搭日常

可愛動物造型
手織服42款

50～80cm

川路佑三子◎著

CONTENTS

貓熊外套＆長褲

彩圖 P16
織法 P56・75

瓢蟲造型外套＆帽子

彩圖 P17
織法 P36・58

蜜蜂背心裙＆帽子

彩圖 P18
織法 P60・71

蝴蝶背心裙＆王冠

彩圖 P19
織法 P43・62

梗犬圖案開襟外套＆髮帶

彩圖 P20
織法 P64

**兔子圖案
開襟外套＆兔耳髮箍**

彩圖 P21
織法 P51・66

**狐狸圖案
短袖上衣＆帽子**

彩圖 P22
織法 P68

小熊與蜜蜂外套＆帽子

彩圖 P23
織法 P70・76

**造型帽子
小老鼠・綿羊・狗狗**

彩圖 P24
織法 P28・33

**造型圍巾
無尾熊・貴賓狗**

彩圖 P25
織法 P72・書封前摺口

一邊看著照片＆織圖
以鉤針鉤織帽子吧！ P28

一邊看著照片＆織圖
以棒針編織背心吧！ P30

4 針的玉針織法 P54
蝦編繩的織法 P74

刺繡基礎針法

鎖鍊繡 P40
雛菊繡・捲線繡 P51
直線繡 P60
回針繡 P61
法國結粒繡・平針繡 P72

棒針編織基礎 P77
鉤針編織基礎 P78

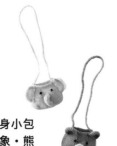

**造型頭套
兔子・獅子**

彩圖 P26
織法 P73

**隨身小包
大象・熊**

彩圖 P27
織法 P74

3

NAOMI ITO 蓬鬆柔軟的內刷毛連身褲／10mois

背心下襬滿滿都是貓咪圖案

貓咪長版背心＆帽子

50 ～ 70 cm
織法 P34．P36

使用質地柔軟的中細嬰幼兒專用織線，以鉤針編織背心。長度足夠包覆臀部，也不用擔心肚子著涼。不僅適合睡覺時保暖，短時間外出穿著也很方便。加上了貓耳朵的帽子可以搭配成套，穿起來更加可愛。

1 帽子

2 長版背心

兔子寶寶套裝

50 ～ 80 cm
織法 P37‧P38

由小洋裝與長褲構成的寶寶套裝，不但適合出生後初次參拜神社時穿著，搖搖學步時亦可當作小洋裝。使用棒針與鉤針共同完成編織，需要多些耐心，但一定會成為眾所矚目的焦點！

3 帽子

4 洋裝

5 長褲

風帽縫上了長長的耳朵，戴上立即變身 小兔子！

三角形連帽有著貼布縫的可愛**熊**臉

NAOMI ITO POCHO 連身衣 Ramune ／ 10mois

6

熊熊手織毯

織法 P40・P65

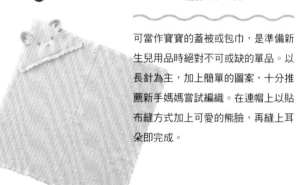

可當作寶寶的蓋被或包巾，是準備新生兒用品時絕對不可或缺的單品。以長針為主，加上簡單的圖案，十分推薦新手媽媽嘗試編織。在連帽上以貼布縫方式加上可愛的熊臉，再縫上耳朵即完成。

兔子 & 熊
拼布風方格織片毯

織法 P42

一邊鉤織繽紛織片一邊拼接，完成拼布風的方格毯。採用男孩與女孩都適用的粉嫩色彩組合。動物造型織片是另外鉤織後以貼布縫的方式縫上，微微浮起的耳朵感覺更立體。

連身衣／妖精の森

貴賓狗背心&帽子

70 cm
織法 P44

成套的鉤針編織背心，與有著會上下擺動大耳朵的俏皮帽子。使用粗線鉤織出大大的針目，因此一眨眼就能完成。作為前襟裝飾重點的雙排釦，只要注意縫上鈕釦的位置（男右女左），無論男孩女孩都適合。

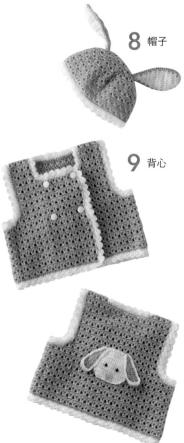

8 帽子

9 背心

背後也有一隻垂著耳朵的**貴賓狗**

8

打褶褲／D.fesense

獅子背心

80 cm
織法 P30．P32

織法以平面針為主，再使用鉤針編織出超像鬃毛的花邊，完成這件由後方扣合的背心。在衣身刺繡即完成獅子臉孔，背後的綁帶尾端縫上流蘇，看起來更可愛。

10

以刺繡完成 **獅子** 臉孔，作法超簡單！

貓咪造型 2 WAY 斗篷

80 cm
織法 P33・P46

以粉紅色與白色編織出輕柔甜美氛圍的貓咪造型斗篷。兩側的袖口縫上了鈕釦,寶寶小時候可以當作睡眠用的蓋被,長大後,鬆開鈕釦就能伸出雙手自由活動,是一款可配合寶貝成長的2WAY衣著。

11

背面也很可愛吧!貓咪斗篷

SOULEIADO 天鵝絨連身衣／10mois

以色彩繽紛的 **恐龍** 骨板為重點裝飾

恐龍斗篷

80 cm
織法 P48

在連帽與背部縫上三角形骨板的斗篷，前襟的鈕釦也同樣色彩繽紛。以粗線編織，因此短時間就能迅速完成，而且厚實的織片穿起來也十分溫暖！寒冷季節往寶寶身上一披，立即就能出門。

12

恐龍造型襪／POP UP SOX（MAST PLANNING）

斑紋＋鹿角＋尾巴，立刻變身 **長頸鹿**寶寶

絨球短靴／POMPKINS（MAST PLANNING）

13

長頸鹿連身衣

80 cm
織法 P50

穿上後立即變身為動物的連身衣，向
來是大人氣的嬰幼兒服裝。結合地模
樣的平面針連身衣上，平均分散縫著
大小不一的圓形鉤織織片，連帽上縫
了鹿角與耳朵，臀部也加上了蝦編繩
尾巴。

加上毛茸茸的鬃毛，即刻化身帥氣斑馬

側邊鬆緊短靴／POMPKINS（MAST PLANNING）

14

斑馬連身衣

80 cm
織法 P52

衣身織法同長頸鹿，但改以原色與黑色線編織斑馬條紋，無論男孩女孩都適合的連身衣。縫上捲成喇叭狀的耳朵，接上許多流蘇作成鬃毛，再加上長長的尾巴，連背影也完美無缺！

以綿軟圈圈紗鉤織 **棕熊** 連身衣

絨球短靴／POMPKINS（MAST PLANNING）

棕熊連身衣

80 cm
織法 P54

最適合冬季禦寒，穿上後的一舉一動都像極了絨毛玩偶，可愛的毛茸茸連身衣。由於使用圈圈紗，即使平面針的針目不太整齊也看不出來。袖子以麻花花樣裝飾，大幅提升了時尚感。

15

褲腳縫上小花織片的可愛 **白兔** 女孩

祥帶鞋／POMPKINS（MAST PLANNING）

16

白兔連身衣

80 cm
織法 P51

除耳朵外皆與灰熊連身衣相同，以原
色圈圈紗織出輕柔毛茸的小白兔。連
帽縫上長長的大耳朵，兩只褲腳分別
縫上三朵織片小花。以淡淡的粉紅色
鈕釦增添小女孩的可愛氛圍。

側邊鬆緊短靴／POMPKINS（MAST PLANNING）

外套＋長褲的玩偶裝風格**貓熊**

17 外套

18 長褲

貓熊外套 & 長褲

80 cm
織法 P56・P75

以長針編織出黑白分明的色塊，織法簡單卻超像的貓熊造型外套。連帽縫上耳朵，背後加上圓球尾巴，左前衣身下襬處的腳印成為視覺焦點，不但與黑色長褲成套，也可以單穿。

19 帽子
20 外套

瓢蟲造型外套 & 帽子

80 cm
織法 P36・P58

紅底衣身加上黑點構成的裝飾，宛如
套上背心的假兩件長袖外套。圓點與
看起來猶如翅膀的袖圈荷葉邊，都是
另外編織再接縫。飾以衽帶的後衣
身，完成時尚背影。

帽子加上觸角，成為活潑可愛的 瓢蟲

側邊鬆緊短靴／POMPKINS（MAST PLANNING）

21 帽子

22 背心裙

蜜蜂
背心裙&帽子

80 cm
織法 P60．P71

〜〜〜〜〜

裙襬與袖口都以荷葉邊構成，宛如即將展翅飛翔的蜜蜂造型背心裙。與加上絨球觸角的帽子搭配成套，就像是變裝服飾。只要多織一組花樣加長裙襬，就能依需求增加衣長。

結合黃&黑的荷葉邊，變身可愛 小蜜蜂

蝴蝶結短靴／POMPKINS（MAST PLANNING）

23 王冠

24 背心裙

蝴蝶
背心裙＆王冠

80 cm
織法 P43・P62

背部有著可愛大翅膀的背心裙，設計構想來自花田裡翩翩飛舞的蝴蝶女王。以棒針編織針目為主，加上鉤織的緣飾、花朵和翅膀。王冠織法非常簡單，改以不同顏色織線編織也很經典。

最適合生日派對的**蝴蝶**女王陛下

大格紋短裙／D.fesense 漆皮芭蕾舞鞋／POMPKINS（MAST PLANNING）

梗犬圖案
開襟外套＆髮帶

80 cm
織法 P.64

平面針編織的開襟外套上，裝飾著鉤針編織的梗犬與立體愛心織片。開襟外套自然捲起的衣領和背部的愛心亦是視覺焦點，成套的髮帶也縫上了相同造型的愛心。

25 髮帶

26 開襟外套

貼布縫 **梗犬** 與愛心更顯甜美可愛

以棒針與兩種粉紅色織線編織出漸層
效果的外套,並且由前往後織入側邊
的小白兔圖案。立體的耳朵與尾巴是
俏皮的設計重點,縫上花朵造型鈕,
完成百分百的女孩風。髮箍上的大耳
朵也同樣引人注目!

花紋蕾絲褲裙／KLADSKAP(NARUMIYA INTERNATIONAL)
蝴蝶結短靴／POMPKINS(MAST PLANNING)

宛如在粉紅色花田裡玩耍的 小兔子

27 髮箍

28 開襟外套

長袖格子襯衫、褲腳鬆緊設計的牛仔褲／KLADSKAP（NARUMIYA INTERNATIONAL）
祥帶鞋／POMPKINS（MAST PLANNING）

適合活潑好動小男孩的 狐狸 短袖套頭毛衣

狐狸圖案
短袖上衣&帽子

80 cm
織法 P68

多層次穿法依然俐落好活動的5分袖
套頭上衣。以平面針為主的織法十分
簡單，加上鉤針編織的可愛小狐狸與
蓬蓬的尾巴即完成。帽子的耳罩與上
衣胸前都加了相同造型的小狐狸。

29 帽子
30 短袖套頭上衣

31 帽子
32 外套
33 針織玩偶

口袋裡裝著 小熊 玩偶

HONEY

小熊與蜜蜂
外套＆帽子

80 cm
織法 P70・P76

使用質感獨特的花呢毛線，以平面針完成外套。希望能將寶寶最心愛的小熊鉤織玩偶隨身攜帶，特地編織一個大大的咖啡杯形口袋。為了小熊最愛的蜂蜜，多繡一些在四周盤旋的小蜜蜂吧！

褶裙／D.fesense　絨球短靴／POMPKINS（MAST PLANNING）

23

造型帽子

織法 P28・P33

三款帽子主體的織法都一樣。只是改變配色與耳朵造型,立即完成心喜的動物帽。使用鉤針,簡單就能編織完成,十分推薦新手媽媽挑戰製作。頭圍大小可因人而異調整,配合自己的寶寶編織吧!

SOULEIADO 高領 T 恤(米老鼠)／10mois 刷毛背心／POMPKINS BABY(MAST PLANNING)

35 綿羊

34 小老鼠

改變配色與耳朵,完成 **小老鼠、綿羊、狗狗** 造型帽

36 狗狗

有了 無尾熊 & 貴賓狗 圍巾，寒冷之日也安心

37 無尾熊　　**38** 貴賓狗

口袋套頭運動衫、打褶褲／D.fesense

造型圍巾

織法 P72・書封前摺口

以起伏針編織圍巾主體，擁有絕佳彈性與柔軟度！以三色形成條紋狀，只要將圍巾絨球穿過動物頭部背面的袢帶，就能自由調節長度。選擇喜愛的動物或配色來編織吧！

SOULEIADO 高領 T 恤／10mois　打褶裙／D.fesense

超可愛頭套設計！兔子&獅子造型帽

NAOMI ITO 2way 刷毛衣／10mois

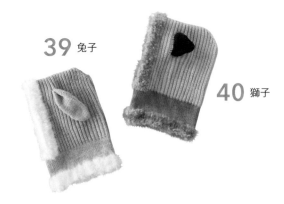

39 兔子

40 獅子

Hoppetta 手肘防磨上衣／10mois

造型頭套

織法 P73

可以完全包覆整個頭部的兔子與獅子
造型針織帽。戴上後連耳朵與脖子都
暖呼呼，臉龐周圍毛茸茸的仿皮草織
線，軟綿綿地輕柔呵護著小臉，想必
寶寶也會喜歡吧！寬鬆的單一尺寸可
以一直穿戴至 4、5 歲喔！

SOULEIADO 翻領套頭上衣、背心裙／10mois

NAOMI ITO 花苞裙洋裝／10mois

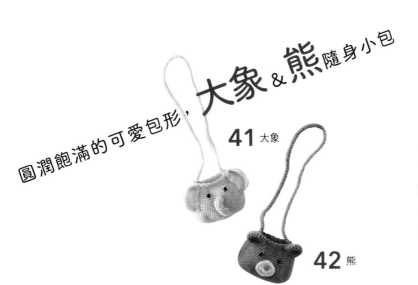

圓潤飽滿的可愛包形，**大象&熊**隨身小包

41 大象

42 熊

隨身小包

織法 P74

可裝入糖果或小玩具的隨身小包，以短針鉤織得立體又結實。使用編織衣服餘下的少少織線就足以完成，依個人喜好改換耳朵、組合臉部配件，織出喜愛的動物吧！

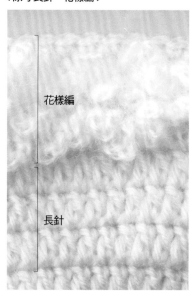

一邊看著照片&織圖
以鉤針
鉤織帽子吧！

35 P24 • 綿羊造型帽

材料

線：Hamanaka Wanpaku Denis（並太）原色（2）40g、灰色（34）10g・Hamanaka 毛海（合太）原色（61）15g

針：5/0、4/0 號鉤針・毛線針

密度

長針 19 針 × 9 段＝ 10 cm 正方形

※取 1 條織線，以 5/0 號針鉤織長針、短針，以 4/0 號針鉤織毛海的花樣編。

〔原寸長針・花樣編〕

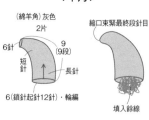

花樣編

長針

〔帽冠〕

11
10
9
8
7
6
5
4
3
2
1
輪

11	84針
7	84針
6	72針
5	60針
4	48針
3	36針
2	24針
1段	12針

〔帽緣的花樣編&短針〕

×××××× ← 3	短
×××××× ← 2	針
×××××× ← 1段	
×××××× ← 4	
MMMMM ← 3	花
	樣
××××× ← 2	編
MMMMM ← 1段	

〔帽子〕

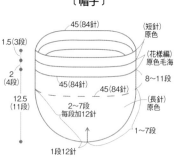

1.5（3段）
45(84針) （短針）原色
（花樣編）原色毛海
2（4段）
45(84針) 45(84針) 8~11段
（長針）原色
12.5（11段）
2~7段 每段加12針
1~7段
1段12針

〔耳朵〕

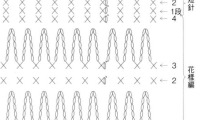

綿羊耳朵(短針)
毛線 原色 2片
4處減4針
4針
6（12段）
8段
10(鎖針起針20針)・輪編
2針 2針
← 12
← 11
← 10
← 8
← 3
← 2
← 1段
10針 10針
20針

縮口束緊最終段針目
對摺
縫合固定側

〔羊角〕

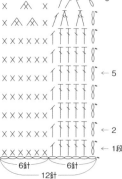

（綿羊角）灰色 2片
6針
9（9段）
短針
長針
6（鎖針起針12針）・輪編
縮口束緊最終段針目
填入餘線

（綿羊角）
6針
← 9
← 8
← 5
← 2
← 1段
6針 6針
12針

1 以長針鉤織帽冠

1 使用原色線，以 5/0 號鉤針進行輪狀起針（→ P78），鉤織第 1 針的長針。

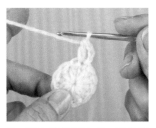

2 第 1 段鉤織完成，第 2 段開始進行加針。

3 至第 7 段為止，每段皆加 12 針，加至 84 針後，不加減針鉤織至 11 段。

2 花樣編

1 第 11 段長針進行最後一針的引拔時，改換成毛海與4/0號鉤針，原色線暫休針。

2 鉤織 1 針短針後，接著鉤織 10 針鎖針。

3 讓 10 針鎖針倒向外側，在下一針目挑針鉤織短針。

4 鉤織時以右手中指按住，以便織出緊實的短針。

5 第 2、4 段的短針皆是在鉤織 10 鎖針之間，挑前段短針針頭鉤織。

3 耳朵＆羊角

6 鉤織帽緣的短針，將暫休針的原色線拉高，改換 5/0 號鉤針鉤織。

1 鉤織耳朵與羊角。起針處與收針處皆需預留線段，羊角收針處的線段穿入毛線針，挑縫餘下的5個針目後縮口束緊。

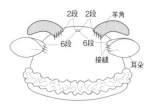

2 耳朵與羊角大致的固定位置。試著放在帽子上決定位置吧！

3 耳朵織片先對摺，以接線側（起針處）預留的織線，縫出耳朵形狀。

4 將耳朵放在帽子上，由其中一側開始縫合固定。

5 一邊看著耳朵的傾斜角度，一邊沿固定側挑縫一圈。

6 羊角中填入餘線，調整形狀後接縫固定。

10 P9 • 獅子背心

一邊看著照片＆織圖
以棒針
編織背心吧！

材料

線：Hamanaka Amerry（並太）山吹
黃（31）70g、橘色（4）25g、茶色
（36）15g

配件：15mm 鈕釦 4 顆

針：6 號棒針 2 支 · 5/0 號鉤針 · 毛線針

密度

花樣編 · 平面針 20針×26段＝10cm正
方形

※取 1 條織線，以 6 號棒針編織背心衣
　身，以 5/0 號針鉤織緣編與織片。

〔原寸花樣編、平面針〕

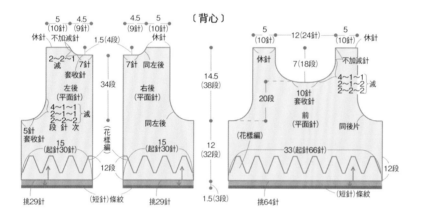

〔背心〕

〔花樣編〕

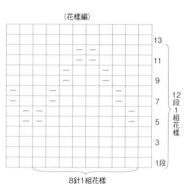

□＝下針　—＝上針

〔前後衣身的接合〕

★以 6 號棒針製作起針針目（→ P77）開始編織，起針處與肩部休
　針處都要預留足夠線長，用於接合肩線、縫合脇邊。

1 引拔併縫肩線

1　前後片肩部的休針段正面相
對疊合，鉤針依序挑起內、外側
織片的針目後掛線。

2　鉤針引拔針目，同時將針目
滑出棒針。

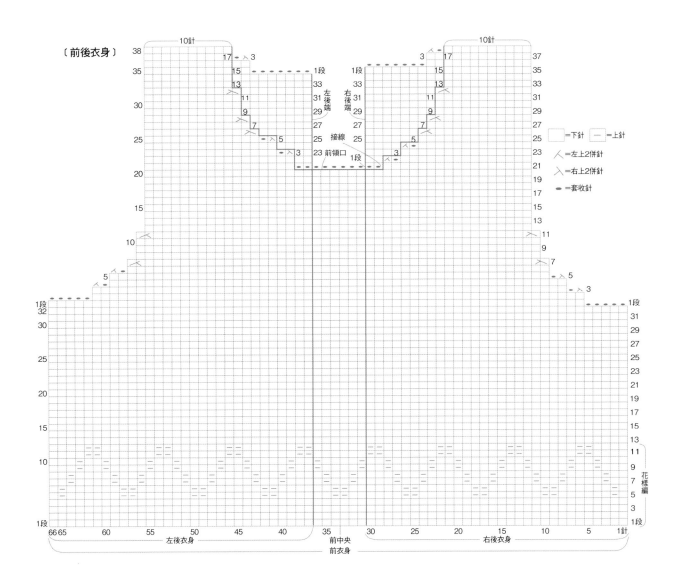

〔前後衣身〕

=下針　一=上針

人=左上2併針

入=右上2併針

●=套收針

左後端　右後端

接線

前領口

10針

花樣編

66 65　60　55　50　45　40　35　30　25　20　15　10　5　1針

左後衣身　　前中央　　右後衣身

前衣身

3 下一針也是一起引拔前、後肩部的 2 個針目。

4 鉤針掛線引拔最後一針時，預留約 10 cm 後剪線。

② 縫合脇邊

1 並排對齊前後衣身脇邊的下針，交互挑縫邊端第 1 針內側的渡線。

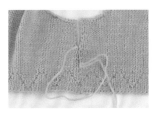

2 縫合時留意拉線方向，同時要避免縫線太鬆或太緊。

緣編&袖口荷葉邊

3 為了讓脇邊對齊，縫至最後時以渡線方式來調整前、後片的段差。

4 將縫線穿至織片背面的縫合針目內，收針藏線後剪線。

1 分別沿下襬、領口、後片邊端鉤織短針條紋，袖口荷葉邊第1段的橘色，則是在脇邊接線。

2 第1段是沿袖襱邊端針目挑針鉤織短針。

3 第1段鉤至終點後剪線，看著織片背面接線鉤織第2段，以往復編進行第2、3段。

4 第4段改換茶色線，同第3段的方向進行鉤織。

5 完成袖口荷葉邊，在前衣身刺繡、接縫眼睛與耳朵的織片，後衣身縫上綴有流蘇的綁帶。

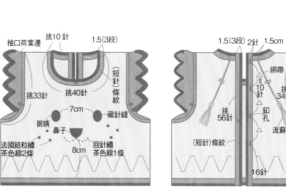

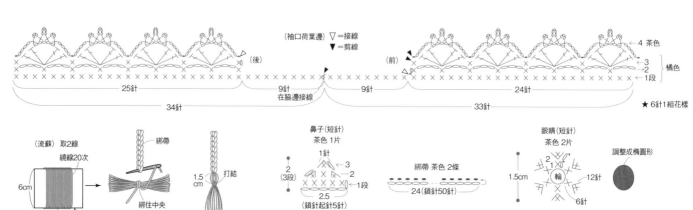

34 P24 ● 小老鼠造型帽

材料
線：Hamanaka Wanpaku Denis（並太）灰色（34）35g、粉紅色（5）10g・Hamanaka 毛海（合太）粉紅色（72）15g
針：5/0號、4/0號鉤針
密度
長針19針 × 9段＝10cm 正方形
織法
※取1條織線，以5/0號針鉤織長針、短針，4/0號針鉤織毛海花樣編。帽冠（灰色）織法同P28綿羊造型帽。分別以兩色織線各鉤織2片圓形耳朵，各色1片背面相對接合後，縫在帽子上。

36 P24 ● 狗狗造型帽

材料
線：Hamanaka Wanpaku Denis（並太）黃綠色（53）45g、黃色（3）7g・Hamanaka 毛海（合太）黃色（30）15g
針：5/0號、4/0號鉤針
密度
長針19針 × 9段＝10cm 正方形
織法
※取1條織線，以5/0號針鉤織長針、短針，4/0號針鉤織毛海的花樣編。帽冠（黃綠色）織法同P28綿羊造型帽。分別以兩色織線鉤織長針完成2片耳朵，各色1片背面相對接合後，縫在帽子上。

11 P10
貓咪造型
2 WAY 斗篷的蝴蝶結

★材料、斗篷等織法請見P46
織法
鉤織蝴蝶結主體與固定帶，以固定帶在主體中央繞一圈束起後縫合固定。

〔小老鼠造型帽〕

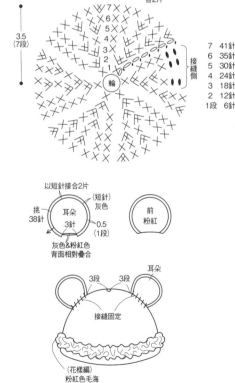

〔狗狗造型帽〕

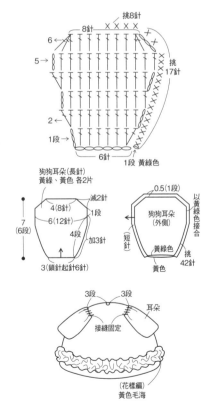

〔蝴蝶結〕

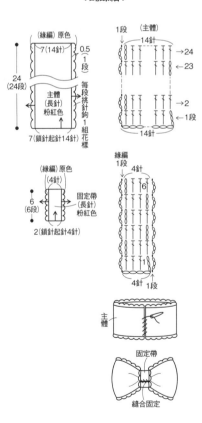

1·2 ^{P4} • 貓咪長版背心&帽子

★帽子織法請見P36。

材料

線：Hamanaka Nenne（中細）長版
背心／薄荷綠（7）75g、原色（2）
25g，帽子／薄荷綠25g、原色10g

配件：10mm鈕釦6顆

針：4/0號、3/0號鉤針

密度

花樣編A 27針×10段、花樣編B 27針
×11段＝10cm正方形

織法・長版背心

※取1條織線，以3/0號針鉤織下方裙片
的花樣編A與稍後接縫的耳朵，以4/0號
針鉤織其他花樣編與緣編等。

1 以薄荷綠開始鉤織前後衣身下方裙片
的花樣編A，在長針與鎖針的方眼編織
片，織入長針構成的貓咪頭，共後片4
處、前片2處。

2 不加減針鉤織裙片至20段，第21段
改為每隔1組方眼花樣減1鎖針，後裙片
減為78針，前裙片減為39針。

3 完成裙片後，繼續以薄荷綠鉤織後肩
襠與左、右前肩襠的花樣編B。

4 捲針縫合肩線，鎖針併縫脇邊。分別
以原色沿裙片下襬、前襟、領口與袖襱鉤
織緣編。右前襟緣編的第3段織釦孔，左
前襟以原色分股線縫上鈕釦。

5 鉤織耳朵，縫於長針鉤織的貓咪頭。

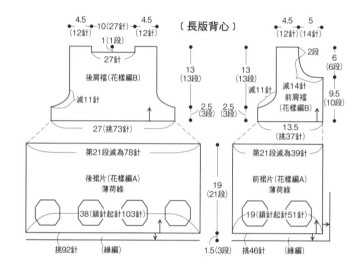

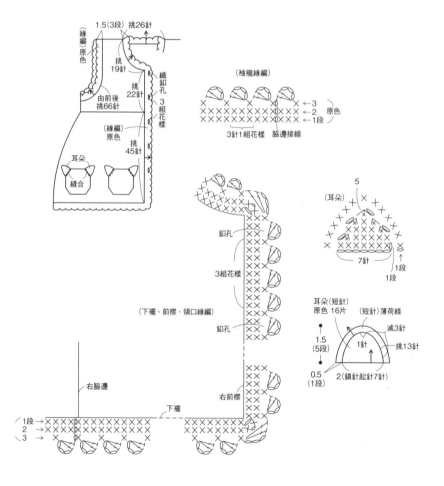

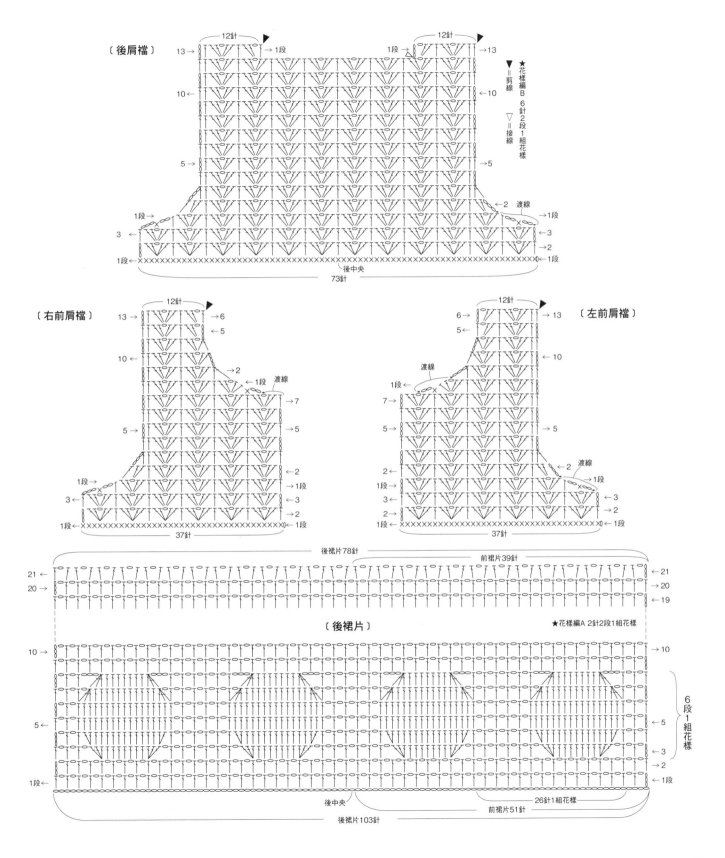

〔後肩檔〕

12針　　　　　　　　　　　　　　12針
13→　　　　　　→1段　　　1段→　　　←13

★花樣編B
6針2段1組花樣

▲＝剪線
▽＝接線

10←　　　　　　　　　　　　　←10

5→　　　　　　　　　　　　　→5

←2　渡線
1段　　　　　　　　　　　　　　　　→1段
3←　　　　　　　　　　　　　　　←3
←2
1段←×××××××××××××××××××××××→1段
後中央
73針

〔右前肩檔〕

12針
13→　　　→6
←5

10←

5→　　　←2
←1段　渡線
→7

5→
←2
1段　　→1段
3←　　←3
→2
1段←×××××××××→0→1段
37針

〔左前肩檔〕

12針
6→　　　→13
5←

渡線
←10

1段　　　7←
5←　　　→5

2←　　←2
渡線
1段　　1段
3←　　→3
2←　　→2
1段　0×××××××××→1段
37針

後裙片78針　　　　　　　前裙片39針
21→　　　　　　　　　　　　　　←21
20→　　　　　　　　　　　　　　→20
←19

〔後裙片〕

★花樣編A 2針2段1組花樣

10→　　　　　　　　　　　　　→10

5←　　　　　　　　　　　　　←5

→3
→2
1段←　　　　　　　　　　　　←1段

6段1組花樣

後中央
26針1組花樣
前裙片51針
後裙片103針

35

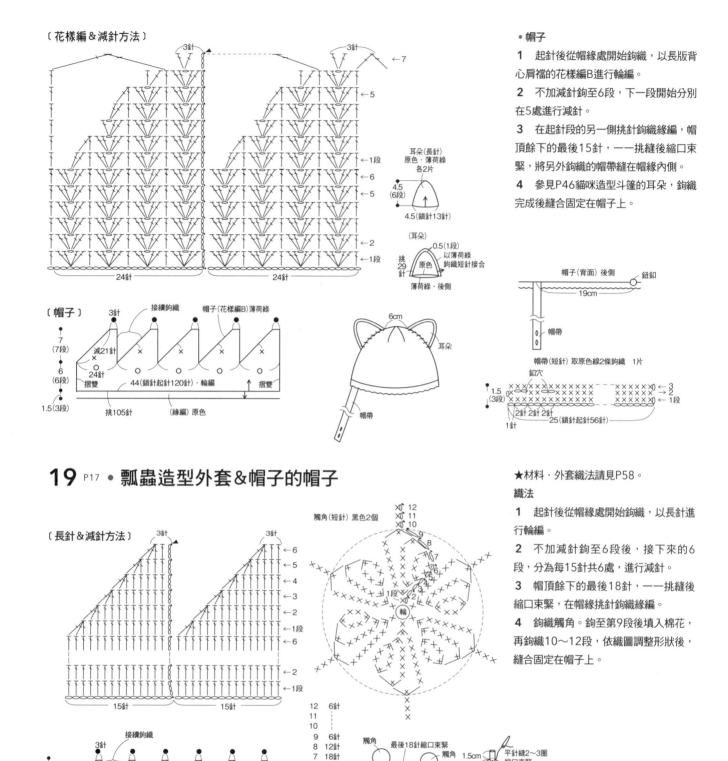

〔花樣編＆減針方法〕

←7

3針　3針

←5

←1段

←6
←5

←1段

←2
←1段

24針　24針

• 帽子

1 起針後從帽緣處開始鉤織，以長版背心肩襠的花樣編B進行輪編。

2 不加減針鉤至6段，下一段開始分別在5處進行減針。

3 在起針段的另一側挑針鉤織緣編，帽頂餘下的最後15針，一一挑縫後縮口束緊，將另外鉤織的帽帶縫在帽緣內側。

4 參見P46貓咪造型斗篷的耳朵，鉤織完成後縫合固定在帽子上。

耳朵（長針）
原色・薄荷綠
各2片

4.5
(6段)

4.5(鎖針13針)

（耳朵）
以薄荷綠
鉤織短針接合

挑
29
針

0.5(1段)

原色

薄荷綠・後側

6cm

耳朵

帽帶

帽子（背面）後側　鈕釦
19cm

帽帶

帽帶（短針）取原色線2條鉤織　1片

釦穴

1.5
(3段)

←3
←1段

2針 2針 2針

1針　25(鎖針起針56針)

〔帽子〕

7
(7段)
3針　接續鉤織　帽子（花樣編B）薄荷綠

減21針

6
(6段)
24針

摺雙　44（鎖針起針120針）・輪編　摺雙

1.5(3段)
挑105針　（緣編）原色

---

19 P17 ● 瓢蟲造型外套＆帽子的帽子

〔長針＆減針方法〕

3針　3針

←6
←5
←4
←3
←2
←1段
←6

←2
←1段

15針　15針

觸角（短針）黑色2個

12
11
10
9
8
7
6
5
4
3
2
1
輪

★材料・外套織法請見P58。

織法

1 起針後從帽緣處開始鉤織，以長針進行輪編。

2 不加減針鉤至6段後，接下來的6段，分為每15針共6處，進行減針。

3 帽頂餘下的最後18針，一一挑縫後縮口束緊，在帽緣挑針鉤織緣編。

4 鉤織觸角。鉤至第9段後填入棉花，再鉤織10～12段，依織圖調整形狀後，縫合固定在帽子上。

12　6針
11
10
9　6針
8　12針
7　18針
6　24針
5
4　24針
3　18針
2　12針
1段　6針

觸角
最後18針縮口束緊　觸角
1.5cm
3.5cm

7cm

縫合固定

平針縫2～3圈
縮口束緊

填入餘線

〔帽子〕

6.5
(6段)
3針　接續鉤織

減12針

6.5
(6段)
15針

摺雙　帽子（長針）紅色　摺雙
45（鎖針起針90針）・輪編

2(5段)
挑90針　（緣編B）黑色

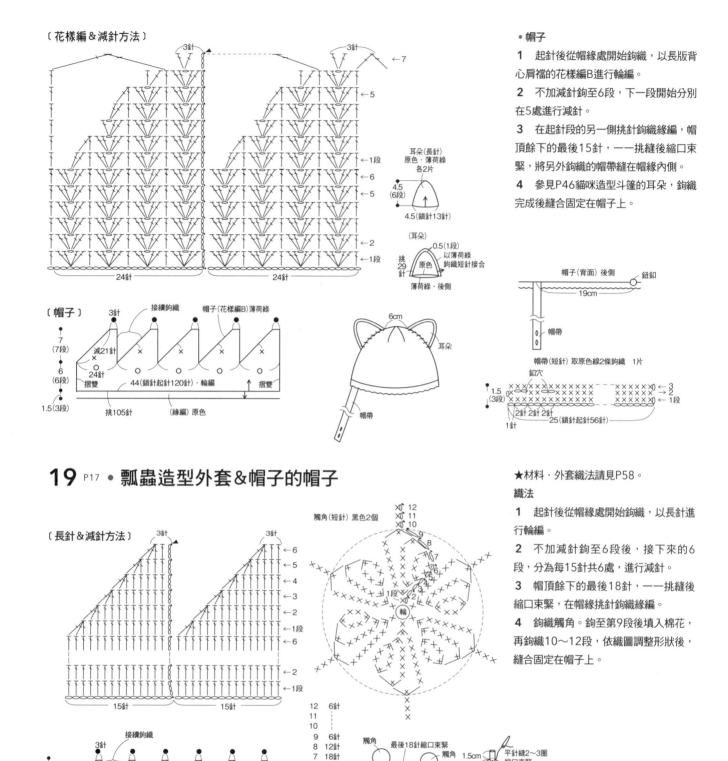

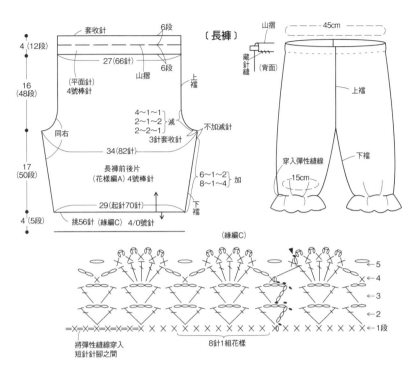

★材料‧寶寶套裝上衣織法等請見P38

織法‧帽子

1　棒針起針，由臉圍側開始朝著後腦方向編織。

2　挑針併縫合印記號處，沿臉圍及下緣挑針鉤織緣編。

3　鉤織兔耳後接縫固定，再將綁帶穿入頸部的緣編。

• 長褲

1　棒針起針，依作法圖示以上衣的花樣編A編織2片相同的織片。

2　挑針綴縫下襬、上襬，在褲腳挑針鉤織緣編C。褲腰處內摺，夾入接合成圈的鬆緊帶之後捲針縫一圈。

3　在褲腳緣編穿入2條彈性縫線，作出鬆緊狀。

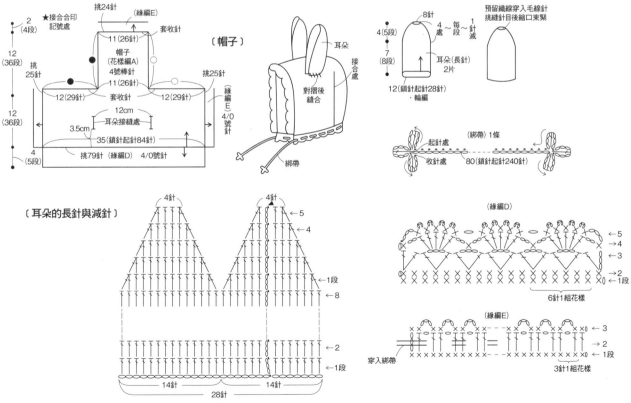

3·4·5 P5 • 兔子寶寶套裝的洋裝

★長褲與帽子織法請見P37。

材料

線：Hamanaka Nenne（中細）原色
（2）上衣140g、長褲80g、帽子40g

配件：直徑10mm 鈕釦6顆・寬20mm 鬆緊
帶45cm・白色彈性縫線150cm

針：4號棒針2支・4/0號鉤針

密度

花樣編A 24針 × 30段・花樣編B 30針
× 11段＝10cm 正方形

織法

※取1條織線，以棒針編織的花樣編A進
行洋裝的前後衣身、袖子、長褲與帽子本
體，以4/0號鉤針鉤織洋裝的裙片、緣
編、花朵織片等。

・洋裝

1 棒針起針編織前後衣身、袖子的花樣
編A。引拔併縫衣身肩線，挑針綴縫脇邊
與袖下。

2 在前後衣身的起針段挑針，以往復編
鉤織裙片的花樣編B。第1段的短針稍微

織得緊一點，避免腰部太寬鬆。第9段開
始進行花樣編的加針，展開裙襬。

3 沿袖襱、前襟鉤織緣編A，袖口鉤織
緣編B，引拔接合袖子。

4 鉤織花朵織片，前面左右各3片，後
面4片，在織片背面中央挑針縫於裙片下
襬。配合上前襟釦孔位置，在下前襟接縫
鈕釦，取2條彈性縫線穿入袖口緣編，作
出鬆緊狀。

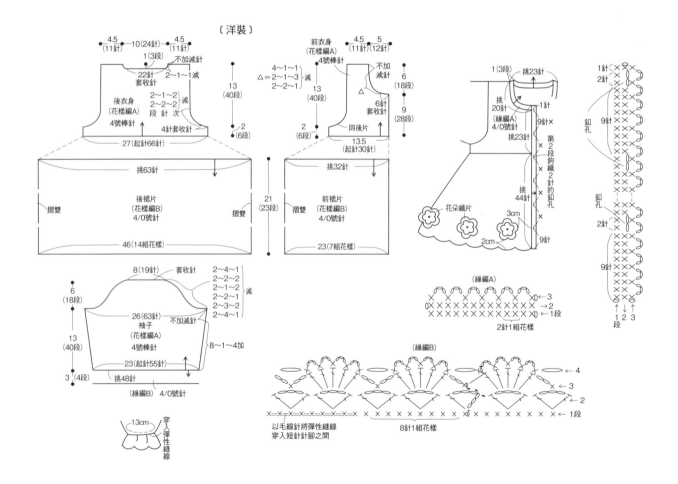

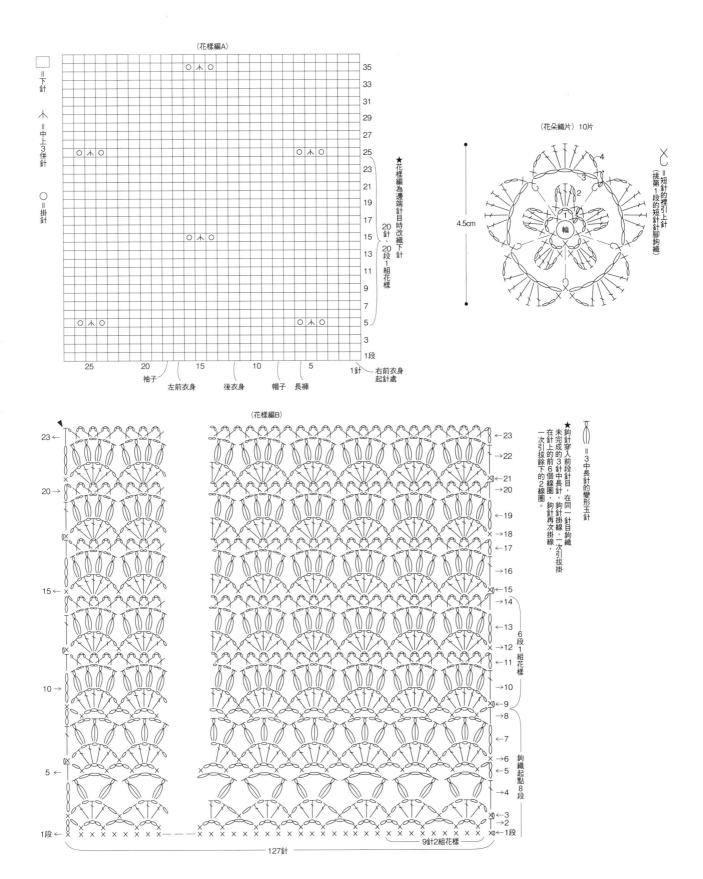

(花樣編A)

☐ ＝ 下針

人 ＝ 中上3併針

○ ＝ 掛針

★花樣編為邊端針目時改織下針

20針、20段1組花樣

35
33
31
29
27
25
23
21
19
17
15
13
11
9
7
5
3
1段

25 20 15 10 5 1針

右前衣身
起針處

袖子　左前衣身　後衣身　帽子　長褲

(花朵織片) 10片

4.5cm

輪

✕ ＝ 短針的裡引上針
(挑第1段的短針針腳鉤織)

人 ＝ 3中長針的變形玉針

★鉤針穿入前段針目，在同一針目鉤織
未完成的3針中長針，鉤針掛線，一次引拔
在針上的前6個線圈，鉤針再次掛線，
一次引拔掛
鉤針再次掛線，
一次引拔餘下的2線圈。

(花樣編B)

23←
20→
15←
10→
5←
1段

→23
→22
→21
→20
→19
→18
→17
←16
←15
→14
→13
→12
→11
→10
←9
→8
←7
→6
←5
→3
←1段

6段1組花樣

鉤織起點8段

127針

9針2組花樣

39

6 ^{P6} • 熊熊手織毯

〔手織毯〕

★耳朵織法請見P65。

材料

線：Hamanaka Nenne（中細）黃色
（4）250g、原色（2）30g、灰色
（11）少許

針：4/0號鉤針

密度

花樣編23針 × 11段＝10cm 正方形

織法

※取1條織線，以4/0號鉤針鉤織。

1 以花樣編鉤織邊長75cm 的正方形手
織毯。

2 以長針鉤織連帽。鎖針起針1針，右
側邊端不加減針，左側邊端每段加2針，
織成三角形。沿臉圍的三角形底邊鉤織緣
編A。

3 沿手織毯周圍鉤織一圈緣編B。依織
圖於右上角接線，背面相對疊合連帽織
片，挑針接合。

4 鉤織熊熊的五官織片，縫合固定於連
帽上。

〔手織毯〕
75(173針)
75
(81段)
手織毯　（花樣編）
75(鎖針起針173針)

(花樣編)

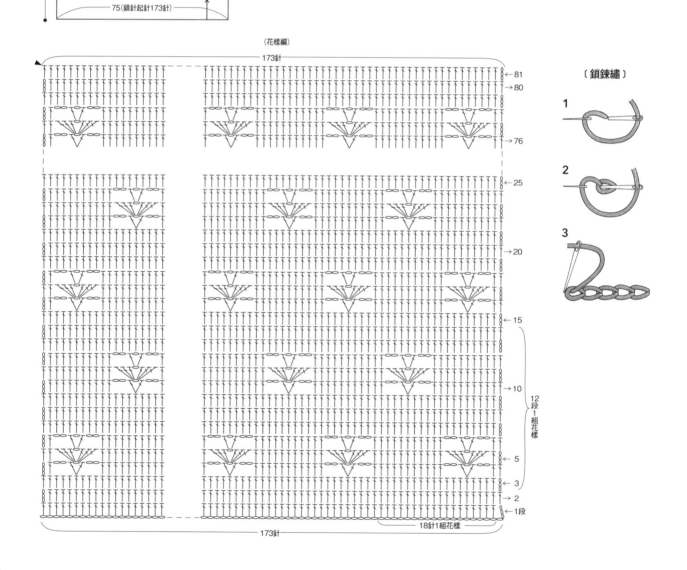

173針

〔鎖鍊繡〕

1

2

3

12段1組花樣

18針1組花樣

173針

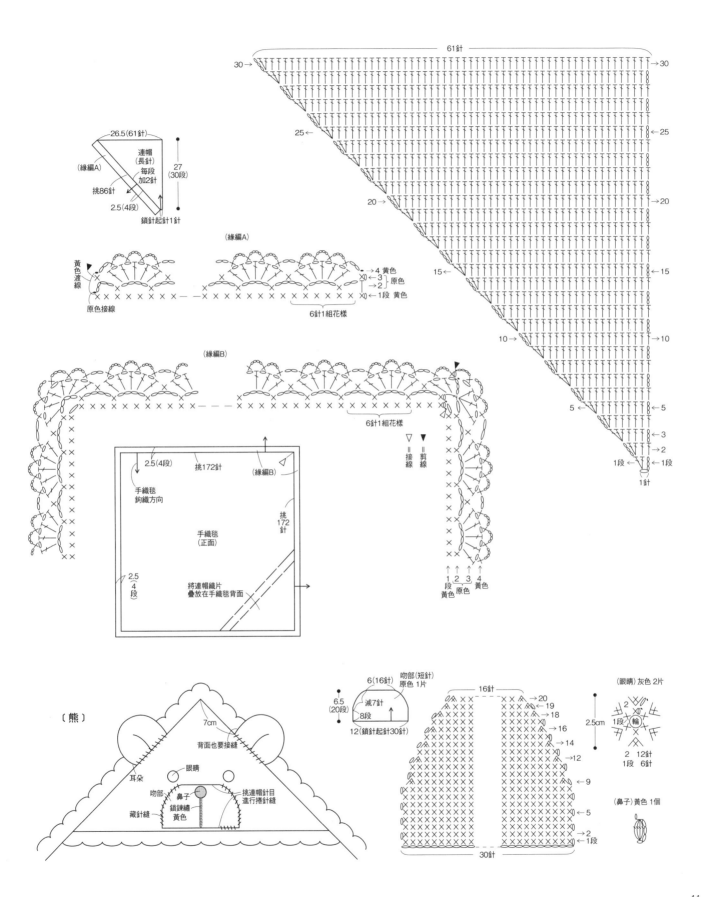

61針

30→ ←30

25← ←25

20→ →20

15← ←15

10→ →10

5← ←5

→3
→2
1段← ←1段
1針

26.5(61針)
(緣編A)
連帽
(長針)
每段
加2針
挑86針
27
(30段)
2.5(4段)
鎖針起針1針

(緣編A)
黃色
渡線
原色接線
4 黃色
←3
→2
←1段 黃色
原色
6針1組花樣

(緣編B)
6針1組花樣
▽=接線 ▼=剪線

2.5(4段)
挑172針
(緣編B)
手織毯
鉤織方向
手織毯
(正面)
挑172針
將連帽織片
疊放在手織毯背面
2.5
(4段)

1段 黃色 2段 原色 3段 4 黃色

〔熊〕

7cm
背面也要接縫
耳朵
眼睛
吻部
鼻子
鎖鍊繡
黃色
挑連帽針目
進行捲針縫
藏針縫

6(16針)
吻部(短針)
原色 1片
6.5
(20段)
減7針
8段
12(鎖針起針30針)

16針
→20
→19
→18
→16
→14
→12
←9
←5
→2
←1段
30針

(眼睛)灰色 2片
2.5cm
2
1段 輪
2 12針
1段 6針

(鼻子)黃色 1個

41

7 P7 ● 兔子&熊拼布風方格織片毯

材料

線：Hamanaka Nenne（中細）白色
（1）260g、黃色（4）、粉紅色（5）
各35g・薄荷綠（7）、綠色（9）各
20g，Hamanaka Amerry（並太）焦
茶色（9）少許

針：4/0 號鉤針

密度

織片1片＝10.5cm 正方形

織法

※ 取1條織線，以4/0號針鉤織。

1 以相同織法鉤織純白與白＋配色線的
織片，配色線不剪斷，以渡線方式換線。
第1片織片完成後，第2片開始鉤織到第6
段的5鎖針時，第3針鎖針改鉤引拔，連
結已完成的相鄰織片。

2 將49片織片拼接成正方形之後，在
右上角接白色線，沿周圍進行緣編。

3 分別鉤織6組兔子與熊的圖案織片，
在臉部加上耳朵、鼻子、嘴巴等部位後，
刺繡眼睛。

4 如圖示配置，將動物圖案織片縫在白
色織片上。

〔織片〕

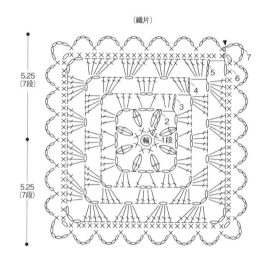

〔織片配色〕

	1・3・5 段	2・4・6・7 段	片數
A	白色	白色	24
B	粉紅色	白色	6
C	綠色	白色	7
D	薄荷綠	白色	6
E	黃色	白色	6

〔織片毯〕

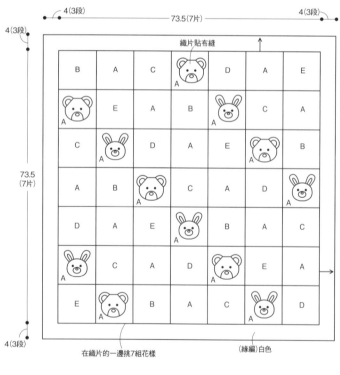

〔熊〕

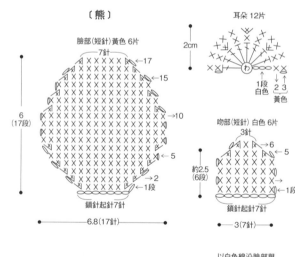

臉部（短針）黃色 6片
耳朵 12片
吻部（短針）白色 6片

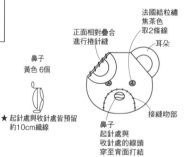

鼻子 黃色 6個

★ 起針處與收針處皆預留
約10cm織線

法國結粒繡
焦茶色
取2條線

正面相對疊合
進行捲針縫

耳朵

接縫吻部

鼻子
起針處與
收針處的線頭
穿至背面打結

以白色線沿臉部與
耳朵輪廓的內側挑縫固定

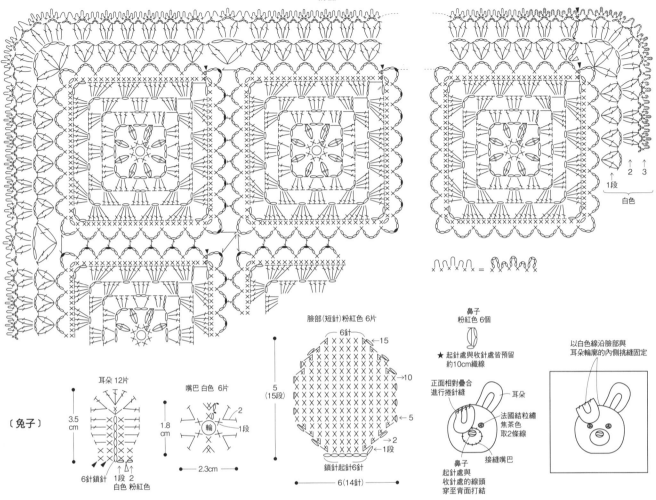

(緣編)

白色
1段
2
3

× × × × × × × × × = ∩∩∩∩∩∩∩

〔兔子〕

耳朵 12片
3.5 cm
6針鎖針
1段 2
白色 粉紅色

嘴巴 白色 6片
1.8 cm
輪
2
1段
2.3cm

臉部(短針)粉紅色 6片
6針
15
5 (15段)
10
5
2
1段
鎖針起針6針
6(14針)

鼻子
粉紅色 6個
★ 起針處與收針處皆預留
約10cm纖線

正面相對疊合
進行捲針縫
耳朵
法國結粒繡
焦茶色
取2條線
鼻子
起針處與
收針處的線頭
穿至背面打結
接縫嘴巴

以白色線沿臉部與
耳朵輪廓的內側挑縫固定

24 P19 ● 蝴蝶背心裙&王冠的蝴蝶

★背心裙的材料、織法請見P62。

織法

1　鉤織左右的大翅膀。輪狀起針後，鉤織2段藍色、1段原色的半圓形，第4段沿半圓形鉤織一圈。

2　同樣鉤織2片小翅膀。將不同大小的4片翅膀組合成蝴蝶，縫合中心點後，接縫在背心裙後背。

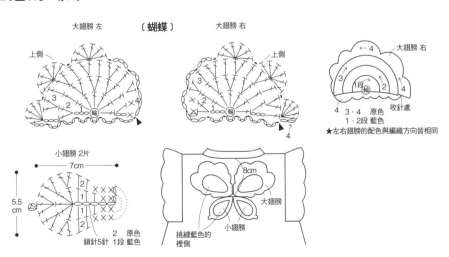

〔蝴蝶〕

大翅膀 左
上側
3 2 1 輪
4

大翅膀 右
上側
3 2 1 輪
4

大翅膀 右
4
1段 輪 2
4
4 3・4 原色
1・2段 藍色
收針處
★左右翅膀的配色與編織方向皆相同

小翅膀 2片
7cm
5.5 cm
2 1 1 2
2
鎖針5針 1段 藍色
原色

8cm
大翅膀
小翅膀
挑縫藍色的
裡側

43

8·9 P8 • 貴賓狗背心&帽子

材料

線：背心／Hamanaka Wanpaku Denis
（並太）米灰色（55）105g、原色
（2）35g・Hamanaka Amerry（並
太）焦茶色（9）少許；帽子／米灰色
40g、原色15g

配件：15mm 鈕釦4個

針：5/0號鉤針

密度

花樣編20針 × 12段＝10cm 正方形

織法

※取1條織線，以5/0號針鉤織。

• 帽子

1　鎖針起針，鉤織與背心相同的花樣
編，進行往復編的輪編。起針後不加減針
鉤至8段，下一段開始分 6 處進行減針。

2　帽頂最終段的12針——挑縫後縮口
束緊，接著在起針針目挑針進行緣編。

3　分別以米灰色與原色各鉤織2片耳
朵，2色接合後縫於帽子上。

• 背心

1　鎖針起針從下襬開始，以花樣編鉤織
前後衣身至袖襱下。

2　接下來分別鉤織右前衣身、後衣身、
左前衣身至肩部。

3　捲針併縫肩線，在袖襱進行緣編，沿
領口、前襟、下襬挑針鉤織緣編。

4　利用右前襟的鏤空針目為釦孔，配合
釦孔位置縫上鈕釦。

〔花樣編與減針〕

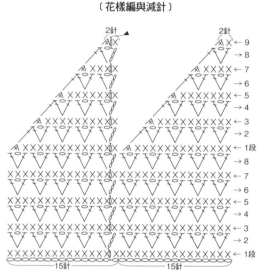

〔耳朵（長針）
米灰色、原色 各2片〕

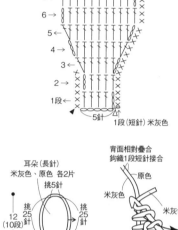
1段（短針）米灰色

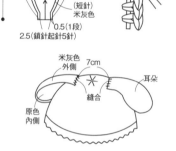

〔帽子〕

★挑縫最終段的12針後縮口束緊

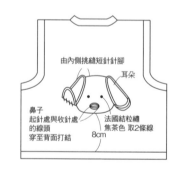

〔背心貼布縫&貴賓狗臉部〕

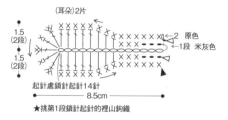

由內側挑縫短針針腳
耳朵
鼻子
起針處與收針處的線頭穿至背面打結
法國結粒繡
焦茶色 取2條線
8cm

（臉部）原色 1片

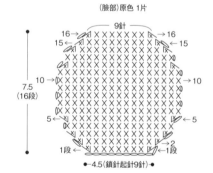

（鼻子）米灰色 1個

★起針處與收針處皆預留
約10cm織線

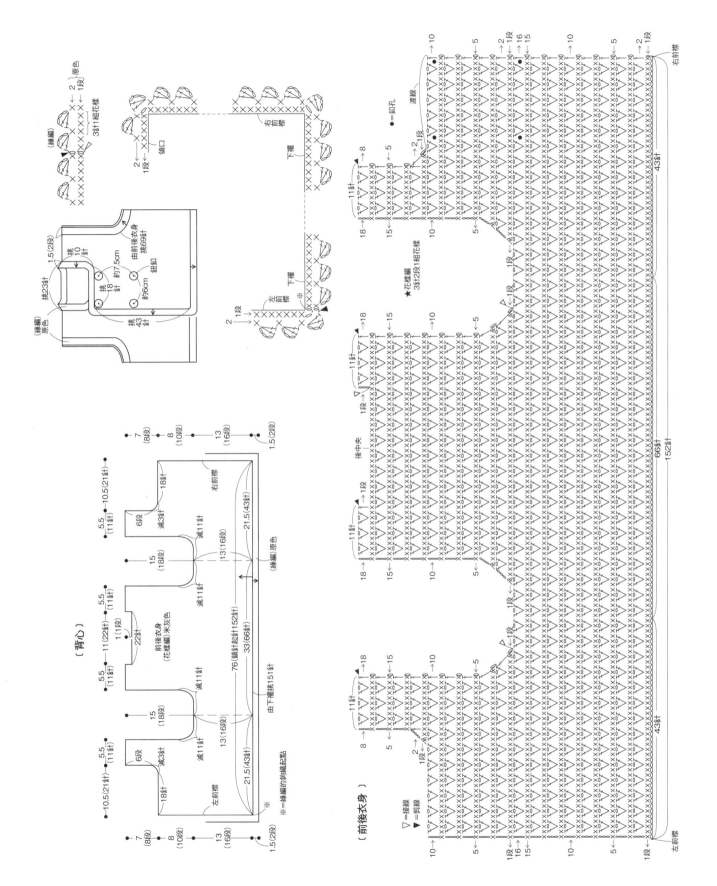

11 P10 ● 貓咪造型 2 WAY 斗篷

★蝴蝶結織法請見P33。

材料

線：Hamanaka かわい赤ちゃん（並太）
原色（2）200g、粉紅色（23）60g
配件：直徑15mm 鈕釦2顆
針：5/0號鉤針

密度

花樣編 19針 × 11段＝10cm 正方形

織法

※取1條織線，以5/0號針鉤織。

1 鎖針起針以原色線進行輪編，鉤織斗篷前後衣身的花樣編。

2 不加減針鉤至9段，下一段開始，每隔33針共6處進行減針。減針後的第2段，其中兩區塊鉤織24針鎖針以形成袖口，鎖針兩側鉤花樣編。

3 第3段鉤織袖口鎖針上的花樣編時，是挑鎖針針頭的兩條線。

4 鉤至衣身領口後，繼續鉤織連帽。以往復編鉤織與衣身相同的花樣編。

5 在減針第1段挑24針鉤織袖口貼邊，在減針第2段挑鎖針裡山鉤織袖口蓋。

6 在下襬鉤織緣編A，在連帽的臉圍部分鉤織緣編B。

7 分別鉤織耳朵、尾巴與蝴蝶結，依圖示縫合固定，於袖口貼邊的中央縫上鈕釦。

8 鉤織穿入領口的抽繩，完成後穿入領口針目的鏤空處，繩末兩端縫上絨球。

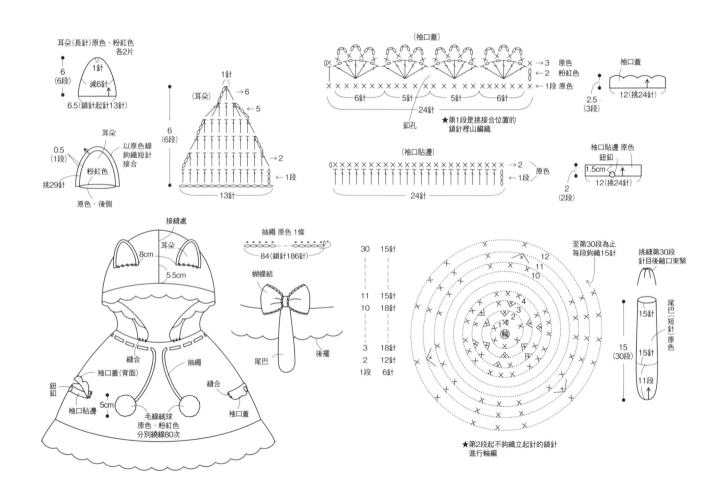

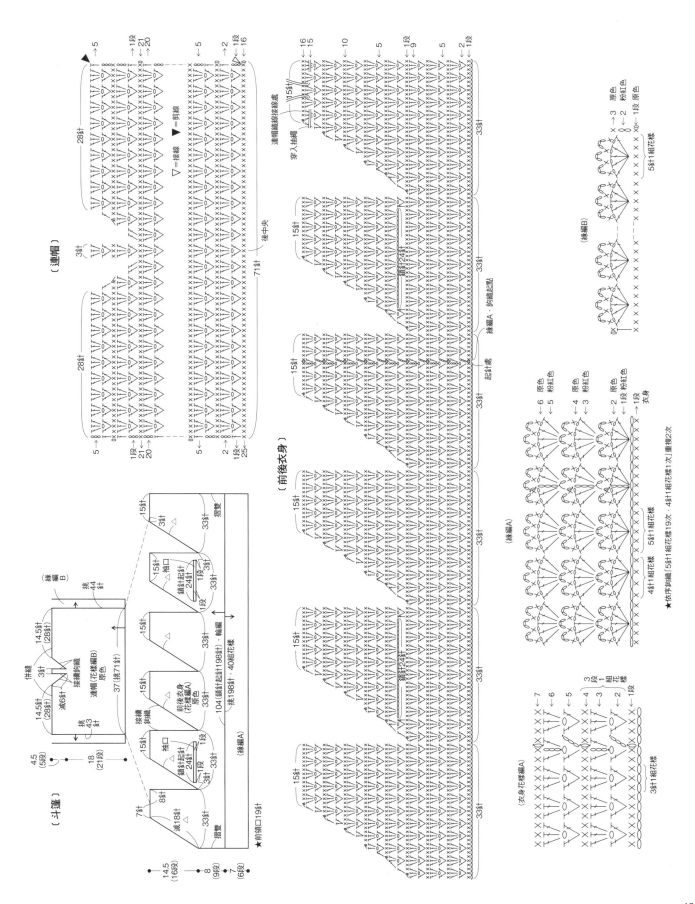

（連帽）

28針

28針

71針

後中央

3針

28針

5→

1段
21
20

5→

2→

1段
16

連帽織線接續處

穿入抽繩

5針抽繩

▼＝接線

▽＝剪線

5→

1段
21
20

5→

2→

1段
25

前後衣身）

15針

15針

15針

15針

33針

33針

33針

33針

鎖針24針

15針

15針

鎖針24針

起針處

鎖針起針198針・40組花樣

緣編A・鉤織起點

（緣編A）

16
15

10

5

1段
9

5→

2→

1段

33針

33針

33針

33針

（斗蓬）

15針

3針

（緣編
B）

挑
44
針

14.5針
(28針)

14.5針
(28針)

3針

接線鉤織

連帽（花樣編B）
原色

減6針

挑
43
針

併縫

摺雙

15針

接線
鉤織

15針

袖口
鎖針起針
24針

3針

1段

33針

前後衣身
（花樣編A）
原色

33針・輪編

33針

摺雙

15針

1段

袖口
鎖針起針
24針

3針

1段

33針

37(挑71針)

104(領針起針198針)

挑198針・40組花樣

★前領口19針

4.5
(5段)

18
(21段)

7針

8針

減18針

33針

摺雙

14.5
(16段)

8
(9段)

7
(6段)

（衣身花樣編A）

←7
←6
←5
←4
3
段 ←3
1 ←2
組 1段
花
樣
←1段

3針1組花樣

（緣編A）

原色
粉紅色
←6
←5

原色
粉紅色
←4
←3

原色
粉紅色
←2
1段 粉紅色
←1段
衣身

5針1組花樣

5針1組花樣

4針1組花樣

★依序鉤織 5針1組花樣19次・4針1組花樣1次重複2次

（緣編B）

原色
粉紅色
←3
←2
1段 原色
←1段

5針1組花樣

12 P11 • 恐龍斗篷

材料
線：Hamanaka Exceed Wool L（並太）藻綠色（320）240g．Hamanaka Wanpaku Denis（並太）黃綠色（53）20g、紅色（38）、深黃色（43）、橘色（44）、綠色（46）各15g
配件：15mm 鈕釦4個
針：5/0號鉤針

密度
花樣編19針 × 8.5段＝10cm 正方形

織法
※取1條織線，以5/0號針鉤織。

1 鎖針起針以藻綠色進行往復編，鉤織斗篷前後衣身的花樣編。

2 不加減針鉤至12段，下一段開始每26針就於兩側減針，共8處進行減針。

3 繼續以衣身領口的74針鉤織連帽。第1段左右兩端的前襟處鉤長針2併針，減至72針，鉤織與衣身相同的7針引上針花樣編及長針。

4 捲針併縫連帽帽頂。在右前襟下緣接線，依配色鉤織短針，沿前襟、連帽臉圍、下襬鉤織一圈。左前襟的第2段織釦孔。

5 以輪編鉤織8片三角骨板織片，從連帽頂中央縫至後背下襬。利用織片起針處預留的織線，挑縫起針鎖針縫合一整圈。

6 配合左前襟的釦孔位置，在右前襟縫上鈕釦。

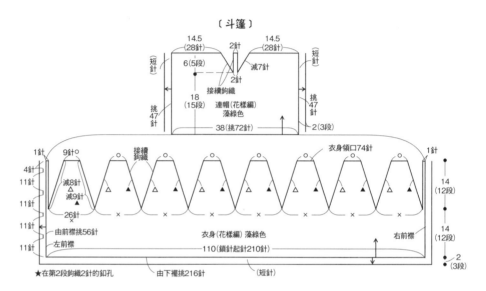

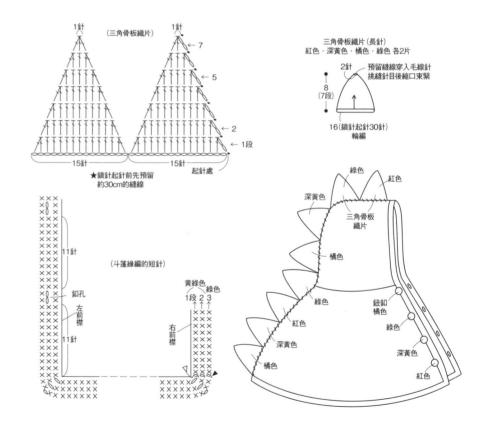

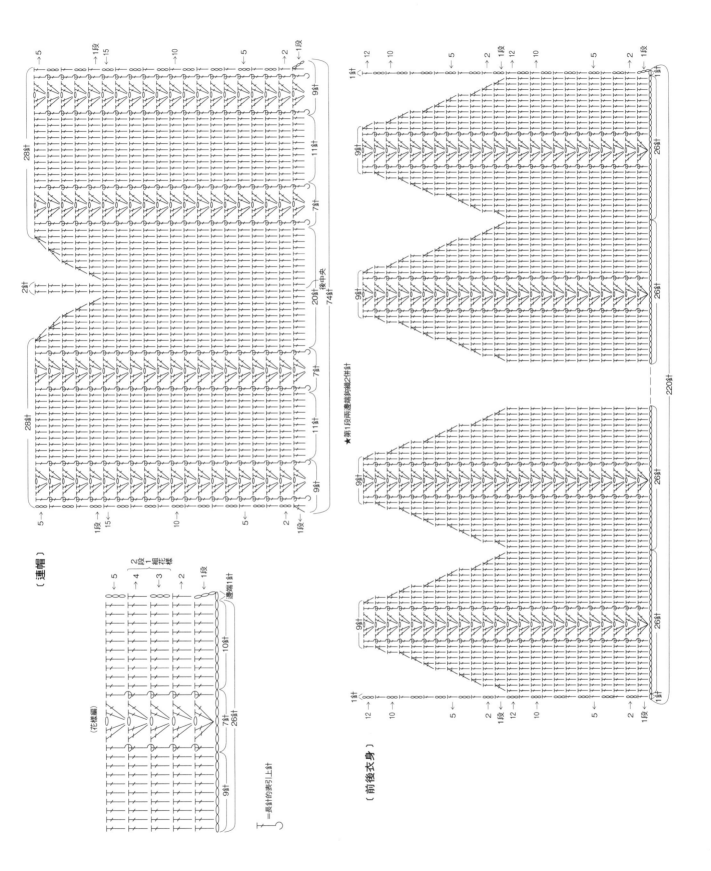

〔 連帽 〕

（花樣編）

T = 長針的表引上針

★第1段兩邊端鉤織2併針

〔 前後衣身 〕

13 P12 ● 長頸鹿連身衣

材料

線：Hamanaka Wanpaku Denis（並太）黃色（3）260g、焦茶色（13）100g

配件：直徑18mm鈕釦5顆，棉花少許

針：6號棒針2支，5號棒針4支，5/0、6/0號鉤針

密度

花樣編19針 × 25段＝10cm 正方形

織法

※取1條織線，以6號棒針編織花樣編，5號棒針編織一針鬆緊針，5/0號鉤針鉤織緣編、耳朵、鹿角、斑紋貼布縫織片，6/0號鉤針鉤織尾巴的蝦編繩。

1 連身衣織法同P52斑馬連身衣，花樣編皆以黃色線編織。

2 以短針鉤織不同段數的4種尺寸斑紋織片，依個人喜好以收針處預留的織線縫在衣身、袖子（見P53）、連帽上，再接縫耳朵、鹿角、尾巴。

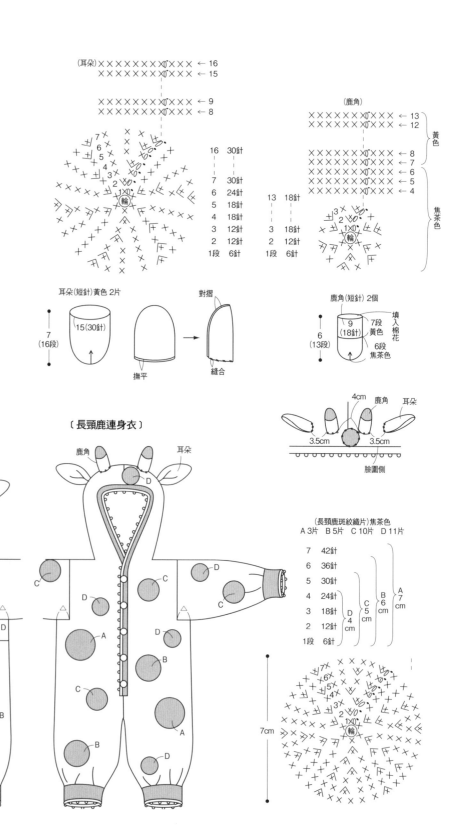

〔長頸鹿連身衣〕

16 P15 ● 白兔連身衣

材料

線：Hamanaka Sonomono Loop（超極太）原色（51）280g・Hamanaka Alpaca Wool（極太）原色（41）160g

配件：直徑18mm鈕釦5顆・棉花少許

針：15號・10號棒針2支・9號棒針4支・6/0號鉤針

織法

※取1條織線，以15號棒針編織Loop的平面針，10號棒針編織Alpaca的平面針、花樣編，9號棒針編織一針鬆緊針，6/0號鉤針鉤織緣編、花樣編中的玉針。

連身衣本體的密度與織法同P54「棕熊連身衣」，但鬆緊針與緣編使用原色Alpaca。

以Alpaca編織耳朵、花朵織片、尾巴後，分別縫在連帽、脇邊與後衣身上。

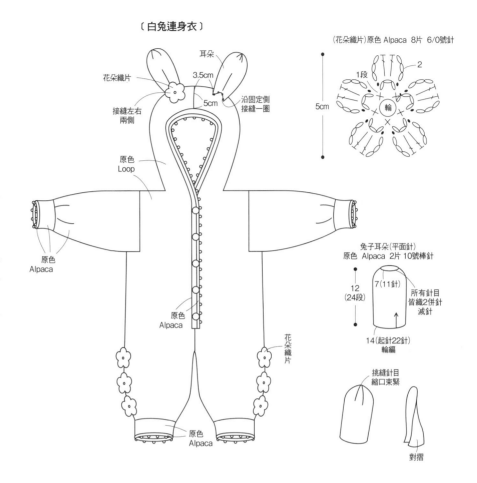

〔白兔連身衣〕

（花朵織片）原色 Alpaca 8片 6/0號鉤針

兔子耳朵（平面針）
原色 Alpaca 2片 10號棒針

27 P21 ● 兔子圖案開襟外套＆兔耳髮箍的髮箍

★材料、髮箍織法請見P66。

織法

1 棒針起針，分別以平面針編織2片原色與粉紅色耳朵。

2 接合原色與粉紅色織片成為一片兔耳，縫在髮箍上。

★選用的髮箍為光滑無縫合材質的類型時，捲上髮箍同色緞帶以接縫固定耳朵。

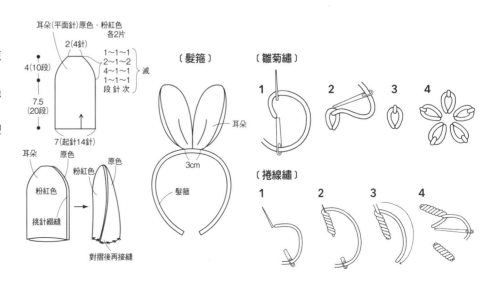

耳朵（平面針）原色・粉紅色 各2片

〔髮箍〕

〔雛菊繡〕

〔捲線繡〕

14 P13 ● 斑馬連身衣

材料
線：Hamanaka Wanpaku Denis（並太）原色（2）190g、黑色（17）100g
配件：直徑18mm 鈕釦5顆
針：6號棒針2支・5號棒針4支・5/0、6/0號鉤針

密度
花樣編19針 × 25段＝10cm 正方形

織法
※取1條織線，以6號棒針編織花樣編，5號棒針編織一針鬆緊針，5/0號鉤針鉤織耳朵，6/0號鉤針鉤織緣編、尾巴的蝦編繩。

1 別線起針，從後片的褲腳開始編織。左右後片對稱編織，併縫上襠（挑縫1針內側），接縫成片後繼續編織上衣身。

2 前衣身同樣也是從褲腳開始，左右對稱編織花樣編。在上襠弧線的8段減2針、織2針套收、捲加針1針，接著一直編織至肩線。

3 前後肩線的休針進行引拔併縫，沿預留的後領針目與前領口挑針，編織連帽。前10段在後中央1針的兩側進行捲加針，最後11段進行減針。完成的連帽頂以引拔併縫接合。

4 併縫脇邊、下襠、前上襠。解開褲腳起針別線針目，挑針後以黑色線進行輪編的一針鬆緊針，再以原色線鉤織緣編與套收針。

5 以花樣編編織袖子，併縫袖下之後，沿袖口編織一針鬆緊針與緣編。

6 沿前襟、連帽臉圍挑針編織一針鬆緊針，在上前襟的第3段織釦孔，編織5段後鉤織緣編。

7 以短針鉤織耳朵，蝦編繩（→P74）加上流蘇完成尾巴，分別縫在連帽與後衣身。

8 在連帽帽頂至後中央穿入流蘇鬃毛，下前襟配合釦孔縫上鈕釦。

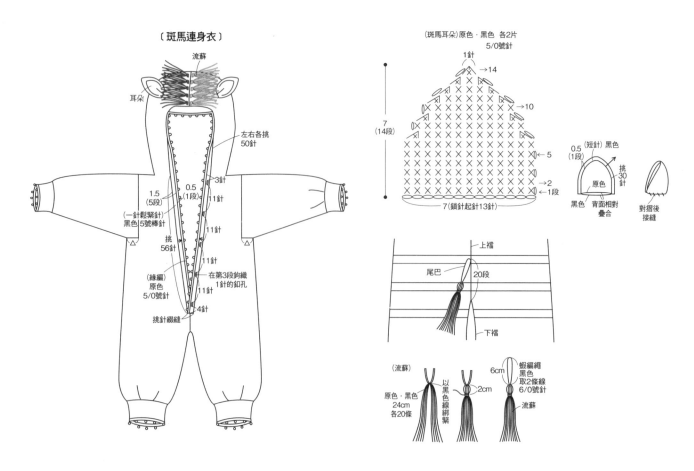

〔連身衣〕

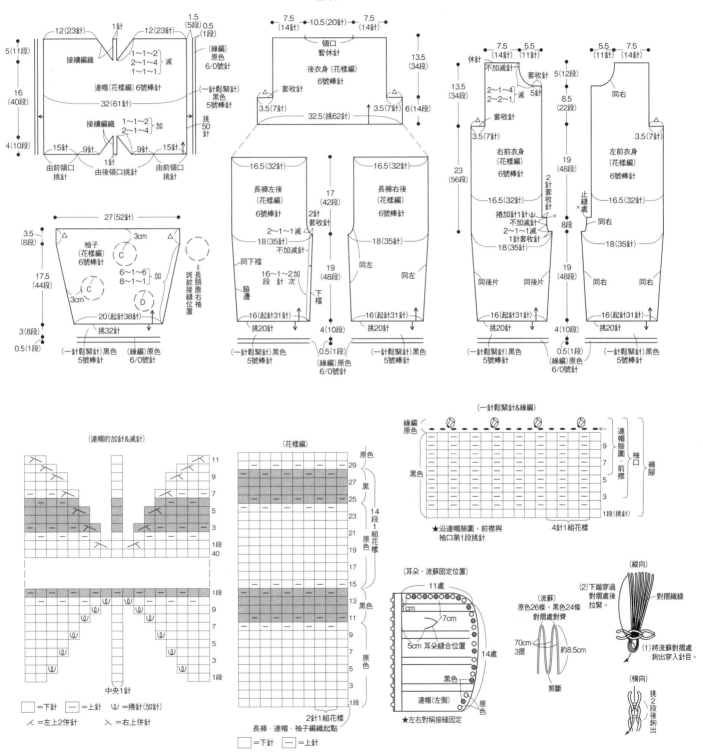

15 ᴾ¹⁴ • 棕熊連身衣

材料
線：Hamanaka Sonomono Loop（超極太）淺茶色（52）280g・Hamanaka Sonomono Alpaca Wool（極太）茶色（43）120g・杏色（42）20g

配件：直徑18mm 鈕釦5顆・棉花少許

針：15、10號棒針各2支・9號棒針4支・6/0號鉤針

密度
平面針（Loop） 12針 × 18段、平面針（Alpaca）16針 × 20段＝10cm 正方形
花樣編19針＝9cm

織法
※取1條織線，以15號棒針編織Loop的平面針，10號棒針編織Alpaca的平面針、花樣編，9號棒針編織一針鬆緊針，6/0號鉤針鉤織緣編、花樣編的玉針。

1 別線起針，從後片的褲腳開始編織。以Loop線對稱編織左右後片，併縫上襠（挑縫1針內側），接縫成片後繼續編織上衣身。

2 前衣身同樣也是從褲腳開始，以Loop線左右對稱編織花樣編。在上襠弧線的6段減3針、織2針套收、捲加針1針，接著一直編織至肩線。

3 前後肩線的休針進行引拔併縫，沿預留的後領針目與前領口挑針，編織連帽。

前6段在後中央1針的兩側進行捲加針，最後6段進行減針。完成的連帽頂以引拔併縫接合。

4 併縫脇邊、下襠、前上襠。解開褲腳起針別線針目，挑針後編織一針鬆緊針與緣編。

5 以Alpaca編織袖子，中央加入花樣編，併縫袖下之後，沿袖口編織一針鬆緊針與緣編。

6 沿前襟、連帽臉圍挑針編織一針鬆緊針與緣編，在左前襟的第3段織釦孔。

7 編織耳朵與尾巴，縫在連帽與後衣身。

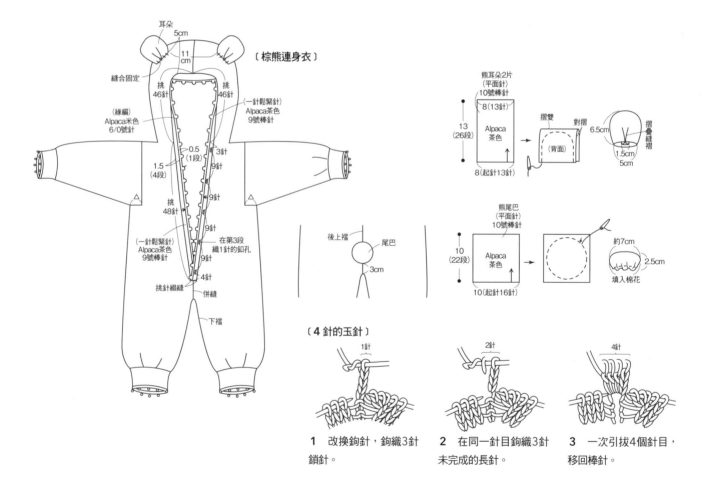

〔棕熊連身衣〕

〔4針的玉針〕

1 改換鉤針，鉤織3針鎖針。

2 在同一針目鉤織3針未完成的長針。

3 一次引拔4個針目，移回棒針。

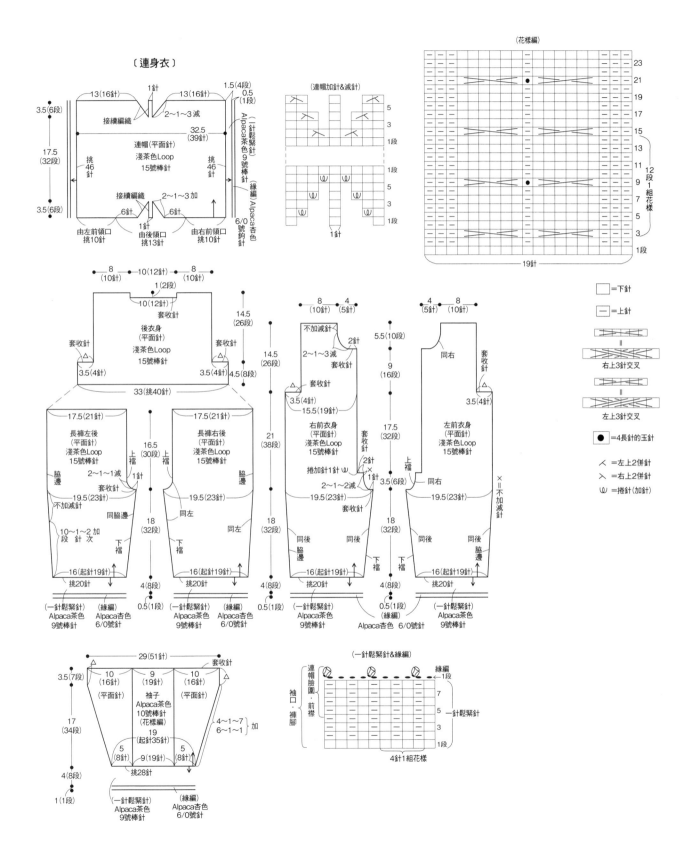

〔連身衣〕

(連帽加針&減針)

(花樣編)

□=下針

—=上針

右上3針交叉

左上3針交叉

●=4長針的玉針

⼊=左上2併針

⼈=右上2併針

ⵡ=捲針(加針)

(一針鬆緊針&緣編)

4針1組花樣

17·18 P16 ● 貓熊外套&長褲

★長褲織法請見P75。

材料

線：Hamanaka Exceed Wool FL（合太）外套／黑色（230）140g、原色（201）110g；長褲／黑色140g

配件：長25cm 白色開口式拉鍊・寬2cm 鬆緊帶48cm

針：4/0號鉤針

密度

花樣編・長針 20針 × 10段＝10cm 正方形

織法

※取1條織線，以4/0號針鉤織。

1 鎖針起針從下襬開始，以原色線鉤織前後衣身的長針，不加減針鉤織15段至袖襬下，接下來以黑色線進行花樣編，分別鉤織右前衣身、後衣身、左前衣身至肩部。

2 捲針併縫肩線，沿衣身的前、後領口挑針，以原色線鉤織連帽的長針。在連帽後中央2針的兩側進行加針，帽頂側進行減針，最終段捲針併縫。

3 在下襬鉤織緣編A，沿前襟、連帽臉圍鉤織一圈短針。

4 以花樣編鉤織袖子，縫合袖下，併縫接合於衣身，在袖口鉤織緣編B。

5 鉤織耳朵縫於連帽上。左右前襟以回針縫固定開口式拉鍊，將毛線絨球裝在拉鍊頭上。

6 鉤織腳印狀的貼布縫織片，縫在左前衣身下襬。

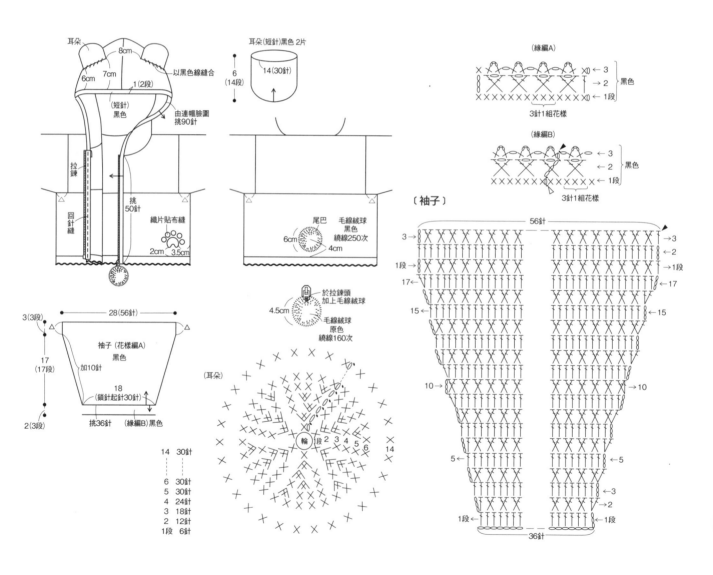

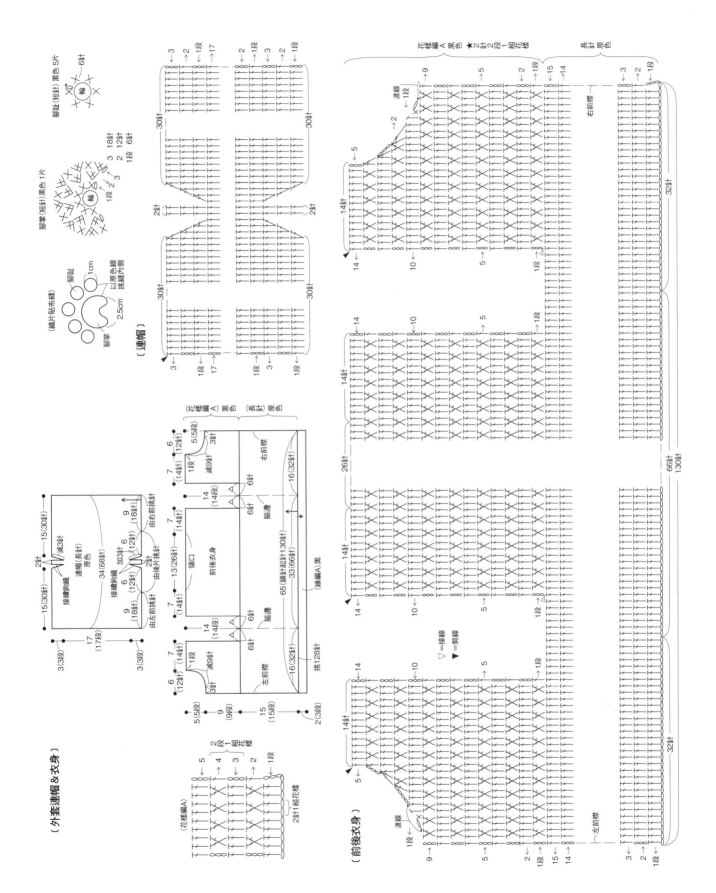

19·20 P17 ● 瓢蟲造型外套&帽子

★帽子織法請見P36。
材料
線：Hamanaka Amerry（並太）開襟
外套／紅色（5）120g、黑色（2）
110g；帽子／紅色35g、黑色10g
配件：直徑15mm 鈕釦7顆
針：5/0號鉤針
密度
長針20針 × 9段＝10cm 正方形

織法
※取1條織線，以5/0號針鉤織。
● **外套**
1 鎖針起針從下襬開始鉤織長針，以紅色鉤織前後衣身，黑色鉤織袖子。
2 捲針併縫肩線，鎖針併縫脇邊，沿領口、下襬鉤織緣編，前襟鉤織短針。
3 鎖針併縫袖下，袖口挑針鉤織緣編，袖子引拔併縫於衣身上。

4 鉤織袖襱荷葉邊、斑點織片、飾帶。
5 將荷葉邊接縫於袖襱，斑點織片對稱縫於前衣身，飾帶縫於後衣身。
6 配合右前襟釦孔位置，在左前襟縫上鈕釦。

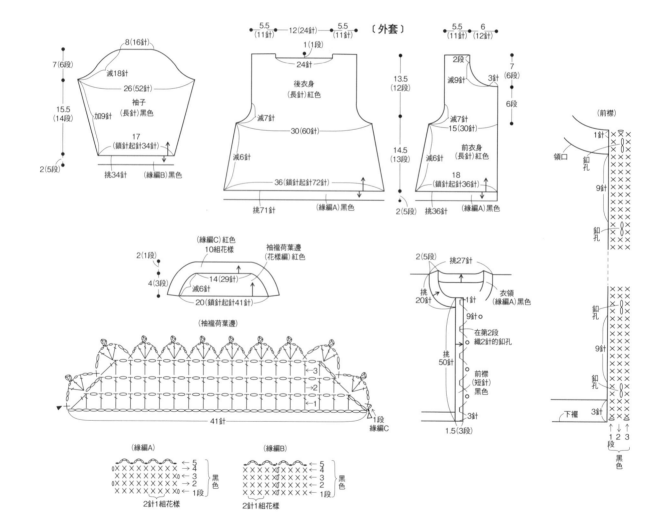

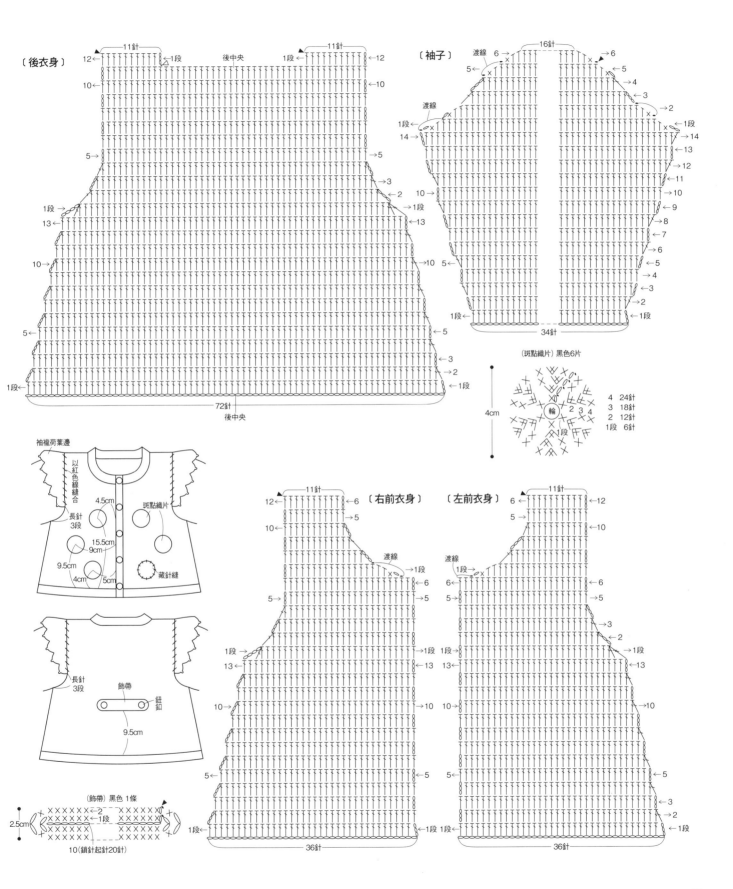

〔後衣身〕

11針　後中央　11針

12 ←1段 ←12

10← →10

5→ →5

→3

→2

1段 →1段

13← ←13

10← →10

5← →5

→3
→2

1段→ →1段

72針
後中央

〔袖子〕

渡線　6　16針　→6

渡線　→5
→4
→3
→2
1段　→1段

1段　14　→14
→13
→12
10← ←11
→10
→9
→8
→7
5← →6
→5
→4
→3
→2
→1段

34針

（斑點織片）黑色6片

4cm

輪　2 3 4
1段

4　24針
3　18針
2　12針
1段　6針

袖襬荷葉邊

以紅色線縫合

長針3段

4.5cm

斑點織片

15.5cm
9cm

9.5cm

4cm　5cm

藏針縫

長針3段

飾帶

鈕釦

9.5cm

〔右前衣身〕　〔左前衣身〕

11針　11針

12 ←6　6→ ←12

10← →10

渡線

→1段

→6　6← →6

5← →5　5→

渡線

1段 →1段　1段→ ←1段

13← ←13　13← ←13

→3
→2

10← →10　10← →10

5← →5　5→ →5

→3

1段→ →1段　1段→ ←1段

36針　36針

（飾帶）黑色 1條

2.5cm

→2
←1段

10（鎖針起針20針）

59

21·22 P18 • 蜜蜂背心裙&帽子

★帽子織法請見P71。

材料

線：Hamanaka Amerry（並太）背心
裙／黑色（24）80g、山吹黃（31）
80g；帽子／黑色、山吹黃各25g

配件：直徑13mm鈕釦1顆

針：5/0號鉤針

密度

花樣編A 20針 × 8段＝10cm 正方形

織法

※取1條織線，以5/0號針鉤織。

1 鎖針起針，以黑色線鉤織前後衣身的
花樣編A。捲針併縫肩線，鎖針併縫脇
邊。

2 在後衣身的起針針目接上山吹黃織
線，在前後衣身挑針鉤織裙片的第1段，
以輪編進行花樣編B。第16、17段的小
荷葉邊改以黑色線鉤織。

3 完成裙片後，挑第3、6、9、12段
長長針之間的鎖針，以黑色線鉤織小荷葉
邊。

4 以黑色與山吹黃在袖襱挑針鉤織荷葉
邊，沿領口鉤織短針與釦孔。

5 在短針領口的左端縫上鈕釦。

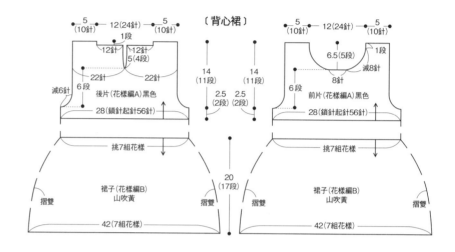

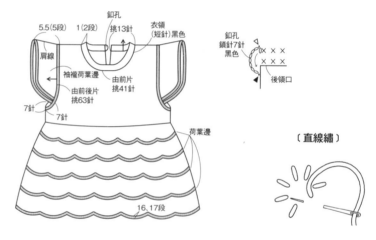

〔直線繡〕

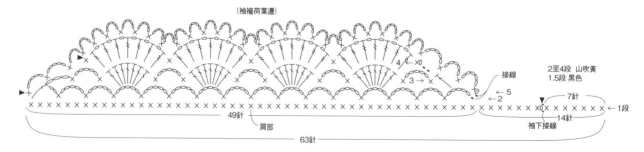

60

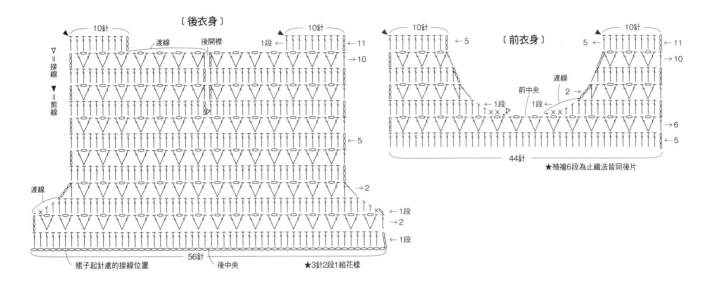

〔後衣身〕

10針

渡線　後開襟

1段

▽＝接線
▼＝剪線

渡線

×1

1段

56針　後中央

裙子起針處的接線位置

★3針2段1組花樣

〔前衣身〕

10針

5

1段

前中央
渡線
2

44針

★袖襱6段為止織法皆同後片

〔回針繡〕

1
2
3
4

〔裙子〕

(花樣編B)

←17　黑色
←16
鎖針6針
鎖針5針
←15
←14
←13
←12
←11
←10
←9
←8
←7
←6
←5
←4
←3
←2
←1段

山吹色
3段1組花樣
起針4段

衣身起針

8針1組花樣

▽＝接線　　▼＝剪線

23·24 P19 • 蝴蝶背心裙&王冠

★材料·蝴蝶織法請見P43。

材料

線：Hamanaka Wanpaku Denis（並太）背心裙／藍色（47）95g、紫色（49）40g、原色（2）25g、黃色（3）20g；王冠／黃色15g

配件：直徑11mm鈕釦1顆

針：7號棒針2支·5/0、6/0號鉤針

密度

花樣編19針 × 26段＝10cm正方形

織法

※取1條織線，以7號棒針編織前後衣身，6/0號針鉤織緣編、花朵織片、蝴蝶翅膀等，以5/0號針鉤織王冠。

• 背心裙

1 前後衣身由裙子開始編織，取紫色織線由下襬起針，以棒針編織花樣編，第15段起，在中央30針的兩側進行減針，分別減11針。

2 繼續編織上衣身的花樣編。由脇邊的第5段開始分成左右編織，作出前開襟。

3 引拔綴縫肩線，併縫脇邊，領口、下襬、袖口分別以紫色線鉤織緣編。

4 鉤織花朵織片，分別在前後下襬接縫5片。

5 前領口加上綁帶，前開襟縫上釦袢與鈕釦。

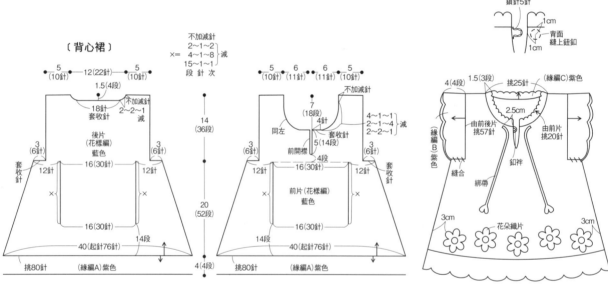

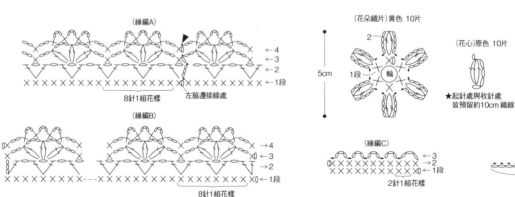

62

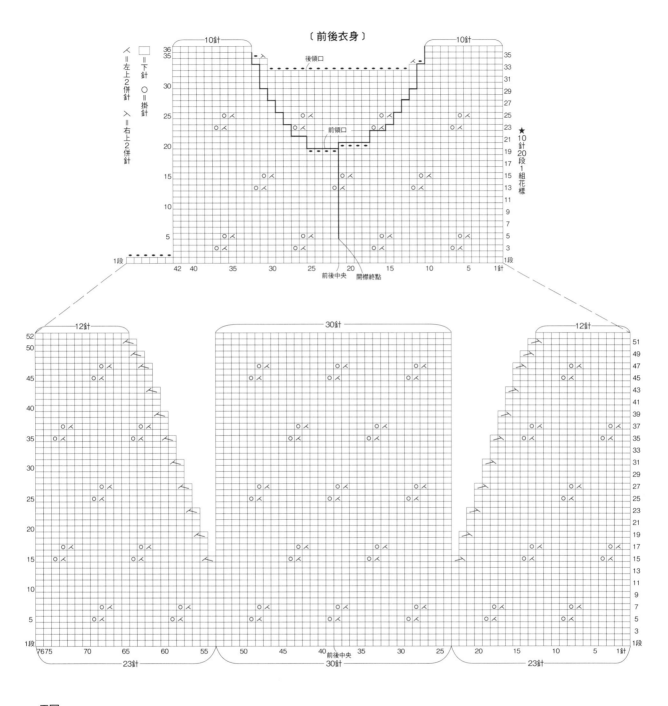

〔前後衣身〕

〔=下針　○=掛針
人=左上2併針　○=掛針
人=右上2併針

10針20段1組花樣

後領口

前領口

前後中央　開襟終點

23針　　30針　　23針

前後中央

● 王冠

鎖針起針88針，頭尾接合成圈，挑鎖針
裡山鉤織第1段，以輪編鉤織王冠上方的
大型花樣編。再挑餘下的2條起針針目，
鉤織下方的小型花樣編。

〔王冠〕

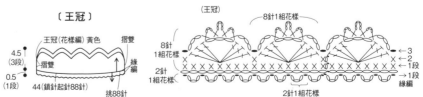

4.5 (3段)
0.5 (1段)

王冠(花樣編) 黃色　摺雙
摺雙　　　緣編
44(鎖針起針88針)
挑88針

(王冠)
8針1組花樣
8針1組花樣
2針1組花樣
2針1組花樣
緣編

←3
←2
←1段
→1段
緣編

25・26 P20 ● 梗犬圖案開襟外套＆髮帶

材料
線：Hamanaka Exceed Wool FL（合太）開襟毛衣／胭脂紅（211）120g、粉紅色（233）30g、原色（201）、粉橘色（235）、焦茶色（206）各少許；髮帶／粉紅色、原色、粉橘色各少許
配件：直徑15mm鈕釦5個
針：6號、5號棒針2支・5/0號鉤針

密度
平面針22針 × 31段＝10cm 正方形

織法
※取1條織線，以5號棒針編織起伏針與衣領，6號棒針編織花樣編、平面針，5/0號針鉤織梗犬、愛心、髮帶等織片。

● 開襟外套

1 別線起針，以花樣編、平面針編織前後衣身，以平面針編織袖子。

2 解開起針別線，挑針編織衣身下襬與袖口，依織圖配色以粉紅色與胭脂紅編織7段起伏針，再織套收針。

3 引拔綴縫肩線。衣身袖襱與袖子袖山正面相對疊合，脇邊與袖下合印記號對齊後，併縫接合。

4 在左、右前襟編織起伏針，右前襟以2併針與掛針編織釦孔，下襬、袖口同樣織起伏針，最後皆織套收針。

5 看著衣身背面，沿領口挑針編織衣領，依作法圖針法及配色編織15段，最後織套收針。由於衣領邊緣會捲起而露出下針，因此除領尖外的部分皆縫於衣身上。

6 鉤織梗犬與愛心織片縫於前後衣身，左前襟縫上鈕釦。

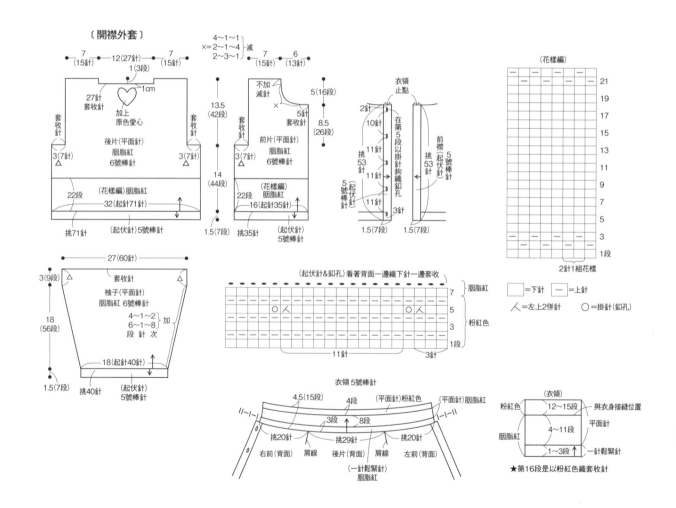

64

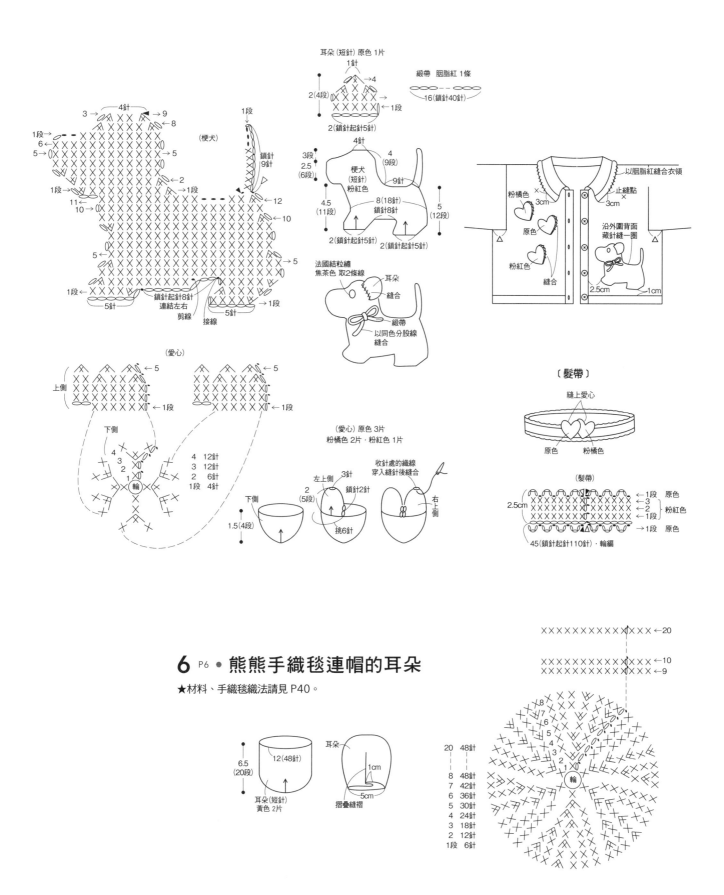

耳朵(短針) 原色 1片
1針
2(4段) →4
1段
2(鎖針起針5針)

緞帶 胭脂紅 1條
16(鎖針40針)

(梗犬)
3 →4針 →9
5← 6← ←8
5← →5
←2 1段
1段 →1段
11← 10← ←12
5← ←10
5← →5
鎖針9針
1段 ×5針 →1段
鎖針起針8針 連結左右 剪線
接線 5針 →1段

梗犬(短針) 粉紅色
3段 2.5(6段) 4針 4(9段)
9針
8(18針)鎖針8針 5(12段)
4.5(11段)
2(鎖針起針5針) 2(鎖針起針5針)

法國結粒繡 焦茶色 取2條線
耳朵 縫合
緞帶
以同色分股線 縫合

以胭脂紅縫合衣領
止縫點×
粉橘色×
3cm 3cm
原色
粉紅色 沿外圍背面 藏針縫一圈
縫合
2.5cm 1cm

(愛心)
←5 ←5
上側 ×0 ×0
→1段 ←1段
下側
4 4 12針
3 3 12針
2 2 6針
1 1段 4針
1.5(4段)

(愛心) 原色 3片
粉橘色 2片·粉紅色 1片
左上側 3針
2(5段) 鎖針2針
挑6針
下側
收針處的織線 穿入縫針後縫合
右上側

〔髮帶〕
縫上愛心
原色 粉橘色

(髮帶)
←1段 原色
←3
2.5cm ←2 粉紅色
←1段
→1段 原色
45(鎖針起針110針)·輪編

6 P6 • 熊熊手織毯連帽的耳朵

★材料、手織毯織法請見 P40。

6.5(20段) 12(48針)
耳朵
1cm
耳朵(短針) 黃色 2片
5cm
摺疊縫褶

×××××××××××××× ←20
×××××××××××××× ←10
×××××××××××××× ←9
8
7
6
5
4
3
2
1 輪
20 48針
8 48針
7 42針
6 36針
5 30針
4 24針
3 18針
2 12針
1段 6針

27·28 P21 • 兔子圖案開襟外套&兔耳髮箍

★髮箍織法請見P51。

材料

線：開襟毛衣／Hamanaka Amerry（並太）珊瑚紅（27）55g、粉紅色（7）50g、原色（20）、蜜桃粉（28）各20g；髮箍／粉紅色與原色各10g

配件：直徑10mm 按釦3組·髮箍（包覆海綿款）1個

針：6號、5號棒針2支·5/0號鉤針

密度

平面針（織入圖案）20針 × 26段＝10cm 正方形

織法

※取1條織線，以6號棒針編織平面針，5號棒針編織起伏針，5/0號鉤針鉤織花朵與小兔耳織片。

• 開襟外套

1 別線起針，以織入圖案的平面針編織前後衣身，配色採縱向渡線。以平面針編織袖子，兩袖顏色不同，右袖為粉紅色，左袖為珊瑚紅。

2 一邊解開起針別線的鎖針一邊挑針，以起伏針編織下襬、袖口。

3 引拔併接肩線，袖山對齊袖襱合印記號處進行併縫，挑縫脇邊與袖下。

4 在領口與前襟編織起伏針，將按釦與花朵織片縫於前襟。

5 在左前衣身的原色兔子圖案刺繡眼睛、鼻子與臉部輪廓後，接縫小兔耳，再將毛線絨球尾巴固定於後脇邊。

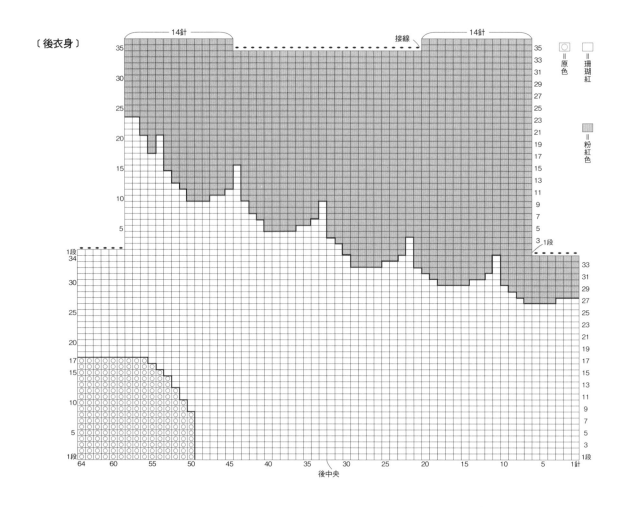

〔後衣身〕

□ ＝原色 　□ ＝珊瑚紅 　▨ ＝粉紅色

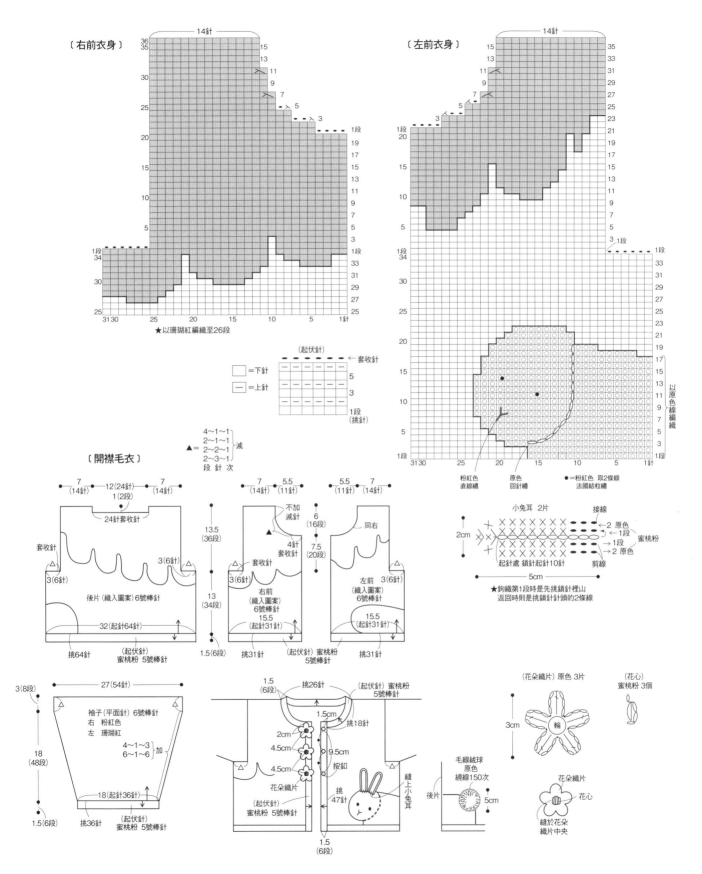

〔右前衣身〕

14針

〔左前衣身〕

14針

★以珊瑚紅編織至26段

(起伏針)
←套收針

□=下針
−=上針

4～1～1
2～1～1
2～2～1
2～3～1 減
段 針 次

〔開襟毛衣〕

7
(14針)
12(24針)
1(2段)
7
(14針)

24針套收針

套收針

3(6針)

後片(織入圖案)6號棒針

32(起針64針)

挑64針
(起伏針)
蜜桃粉 5號棒針

13.5
(36段)

13
(34段)

1.5(6段)

7
(14針)
5.5
(11針)

不加
減針

▲

4針
套收針

套收針

3(6針)

右前
(織入圖案)
6號棒針

15.5
(起針31針)

挑31針
(起伏針)
蜜桃粉 5號棒針

6
(16段)

7.5
(20段)

5.5
(11針)
7
(14針)

同右

左前
(織入圖案)
6號棒針

3(6針)

15.5
(起針31針)

挑31針
(起伏針)
蜜桃粉
5號棒針

以原色線編織

粉紅色
直線繡
原色
回針繡
●=粉紅色 取2條線
法國結粒繡

小兔耳 2片
接線
2cm
2 原色
1段
1段
1段
2 原色
蜜桃粉
剪線
起針處 鎖針起針10針
5cm
★鉤織第1段時是先挑鎖針裡山
返回時則是挑鎖針針頭的2條線

27(54針)

3(8段)

袖子(平面針)6號棒針
右 粉紅色
左 珊瑚紅

4～1～3
6～1～6 加

18
(48段)

1.5(6段)

挑36針
(起伏針)
蜜桃粉 5號棒針

18(起針36針)

1.5
(6段)
挑26針
(起伏針) 蜜桃粉
5號棒針

1.5cm

挑18針
2cm
4.5cm
4.5cm

9.5cm

按釦

花朵織片

(起伏針)
蜜桃粉 5號棒針

挑
47針

縫上小兔耳

1.5
(6段)

毛線絨球
原色
繞線150次

後片

5cm

(花朵織片)原色 3片

3cm

輪

(花心)
蜜桃粉 3個

花朵織片
花心

縫於花朵
織片中央

67

29・30 P22 ● 狐狸圖案短袖上衣&帽子

材料

線：Hamanaka Amerry（並太）套頭
毛衣／綠色（13）65g、黃綠色（33）
45g、橘色（4）15g、焦茶色（9）少
許；帽子／綠色30g、黃綠色15g、橘
色15g、焦茶色少許

配件：直徑13mm鈕釦2顆・棉花少許

針：6號棒針2支・4支・5號棒針2支・
5/0號鉤針

密度

花樣編・平面針20針 × 26段＝10cm
正方形

織法

※取1條織線，以5號棒針編織起伏針，6
號棒針編織花樣編、平面針，5/0號鉤針鉤
織狐狸臉部與尾巴。

● 套頭上衣

1 棒針起針，從衣身下襬開始編織起伏
針、配色花樣編與平面針。在後衣身左肩
編織肩釦開口的持出份，前衣身左肩編織
釦孔。

2 引拔併縫右肩線，左肩則是將前側疊
在持出份上，接著將左右袖襱挑針，以平
面針編織袖子。袖口編織7段起伏針後，

改為看著背面織上針的套收針。

3 由脇邊開始挑縫袖下。

4 沿領口挑針編織衣領的起伏針，最後
的套收針織法同袖口。

5 編織狐狸臉部與尾巴織片，藏針縫於
前後衣身，前衣身進行刺繡。前左肩持出
份與後領端縫上鈕釦。

〔套頭毛衣〕

（花樣編）

人＝左上2併針　　○＝掛針（釦孔）

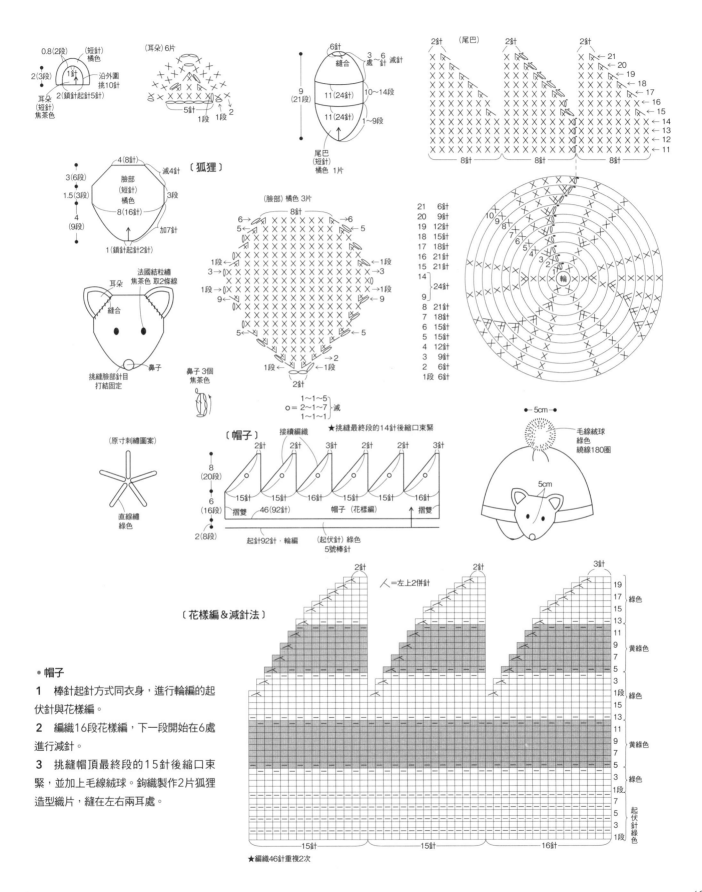

〔狐狸〕

〔帽子〕

〔花樣編＆減針法〕

人 = 左上2併針

• 帽子

1　棒針起針方式同衣身，進行輪編的起伏針與花樣編。

2　編織16段花樣編，下一段開始在6處進行減針。

3　挑縫帽頂最終段的15針後縮口束緊，並加上毛線絨球。鉤織製作2片狐狸造型織片，縫在左右兩耳處。

★編織46針重複2次

31·32·33 P23 • 小熊與蜜蜂外套&帽子

〔外套〕

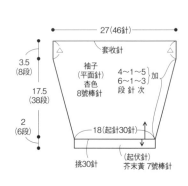

27(46針)

套收針

袖子
（平面針）
杏色
8號棒針

3.5
(8段)

17.5
(38段)

2
(6段)

4～1～5
6～1～3
段 針 次
加

18(起針30針)

挑30針

（起伏針）
芥末黃 7號棒針

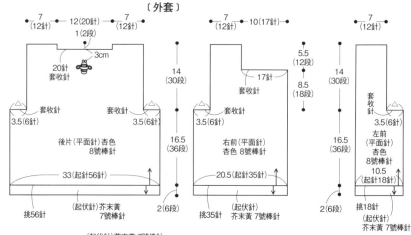

7
(12針)
12(20針)
7
(12針)

1(2段)

3cm

20針
套收針

套收針
3.5(6針)

套收針
3.5(6針)

後片（平面針）杏色
8號棒針

33(起針56針)

挑56針

（起伏針）芥末黃
7號棒針

7
(12針)
10(17針)

5.5
(12段)

17針
套收針

8.5
(18段)

套收針
3.5(6針)

14
(30段)

16.5
(36段)

右前（平面針）
杏色 8號棒針

20.5(起針35針)

2
(6段)

挑35針

（起伏針）
芥末黃 7號棒針

7
(12針)

14
(30段)

套
收
針
3.5(6針)

16.5
(36段)

左前
（平面針）
杏色
8號棒針

10.5
(起針18針)

2
(6段)

挑18針

（起伏針）
芥末黃 7號棒針

★玩偶織法請見 P76。

材料
線：Hamanaka Aran Tweed（極太）
外套／杏色（1）135g · Hamanaka
Mens Club Master（極太）芥末黃（67）
40g；帽子／杏色25g · 芥末黃20g；
蜜蜂刺繡／Hamanaka Amerry（並太）
山吹黃（31）、焦茶色（9）各少許
配件：直徑18mm鈕釦3顆
針：8號、7號棒針2支，4支 · 6/0號鉤
針

密度
平面針17針 × 22段＝10cm 正方形

織法
※取1條織線，以7號棒針編織起伏針，8
號棒針織平面針，6/0號針鉤織口袋杯柄
與緣編。

•外套
1　別線起針，以平面針編織後衣身、不
對稱的左、右前衣身與袖子。
2　一邊解開前、後衣身與袖口的起針鎖
針一邊挑針，分別在前後下襬與袖口編織
6段起伏針，最終段進行套收針。
3　接合肩線，沿領口、左前襟挑針編織
起伏針，右前襟也同樣織起伏針。
4　接縫衣身袖襱與袖子，併縫衣身與袖
子的合印記號處，縫合脇邊與袖下。

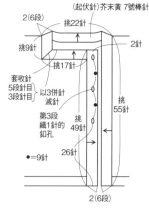

2(6段)

（起伏針）芥末黃 7號棒針

挑22針

挑9針

挑17針

套收針
5段針目
3段針目

第3段
織1針的
釦孔

以3併針
減針

2針

挑
55針

挑
49針

26針

●=9針

2(6段)

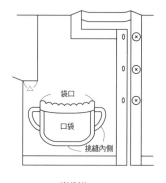

袋口

口袋

挑縫內側

5　棒針起針，以平面針與起伏針編織咖
啡杯口袋，沿口袋外圍鉤織短針，杯口側
進行緣編。鉤織兩側杯柄，接縫於口袋兩
側後，藏針縫於右前衣襬。
6　分別在後衣身1處、左右袖子各4處
刺繡蜜蜂圖案。

•帽子
1　別線起針，以輪編進行平面針。
2　帽頂側在8處進行減針，最終段針目
挑縫後縮口束緊。
3　一邊解開起針鎖針一邊挑針，編織帽
緣的起伏針。
4　鉤織耳朵，分別縫合2片後，縫在帽
子上，依圖示刺繡蜜蜂圖案。

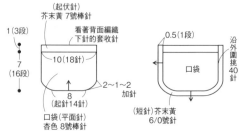

（起伏針）
芥末黃 7號棒針

1(3段)

7
(16段)

看著背面編織
下針的套收針

10(18針)

8
(起針14針)

口袋（平面針）
杏色 8號棒針

2～1～2
加針

0.5(1段)

口袋

沿
外
圍
挑
40
針

（短針）芥末黃
6/0號針

（緣編）

9組花樣

←1段

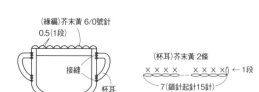

（緣編）芥末黃 6/0號針
0.5(1段)

接縫

（杯耳）芥末黃 2條

×××× ××××

←1段

7（鎖針起針15針）

杯耳

(刺繡位置)

3cm　9cm　5cm
中央
9cm　6cm
7cm　左袖

5cm　7cm
7.5cm　中央　3cm
6cm
右袖　5cm

(原寸刺繡圖案)

法國結粒繡
焦茶色

山吹黃
繞線5次

焦茶色
繞線6次

★身體為
捲線繡

雛菊繡
焦茶色

山吹黃
繞線7次

焦茶色
繞線5次

山吹黃
繞線4次

21 P18
蜜蜂背心裙&帽子的帽子

★材料與背心裙織法請見P60。

織法

1　鎖針起針，鉤織與背心裙衣身相同的花樣編，以山吹黃與黑色進行輪編的2段條紋花樣編。

2　帽頂6段進行減針，挑縫最終段針目後縮口束緊。

3　在起針針目挑針，鉤織帽緣的短針。

4　參見P36瓢蟲帽子織法，以短針鉤織觸角。圓形部分為山吹黃，10～13段的4段6針織黑色，完成後縫於帽子上。

〔平面針&減針法〕

1針　1針
15
13
11
9
7
5
3
1段
14

□=下針
▭=上針
╱=左上2併針

(起伏針)
5
3
1段

10針　10針

〔花樣編&減針法〕

2針　2針
←6　黑色
←5　山吹黃
←4
←3
←2　黑色
←1段　山吹黃
←5
←4　黑色
←3
←2
←1段　山吹黃

15針　15針

1～1～3
×= 2～1～4　減
4～1～1
1～1～1

〔帽子〕

1針●　接續編織
★挑縫最終段的8針後縮口束緊

7.5(16段)
6.5(14段)
各減9針×
10針
摺雙
47(起針80針)・輪編
帽子(平面針)
杏色 8號棒針
摺雙
2(6段)
挑75針
(起伏針)芥末黃 7號棒針

〔帽子〕

帽子(花樣編A)條紋
2針▲
★挑縫最終段的12針後縮口束緊

7.5(6段)
6(5段)
減13針×
15針
摺雙
45(鎖針起針90針)・輪編
摺雙
2(5段)
挑90針
(短針)黑色

耳朵(平面針)芥末黃 4片
8號棒針

4.5(8針)
1～1～3
9～1～1　減
減4針
起伏針
5(12段)
7(起針12針)

捲針併縫
耳朵
挑縫
兩脇邊

摺疊縫褶
耳朵

8cm
耳朵
縫合前後
4cm
1.5cm　1.5cm
4cm

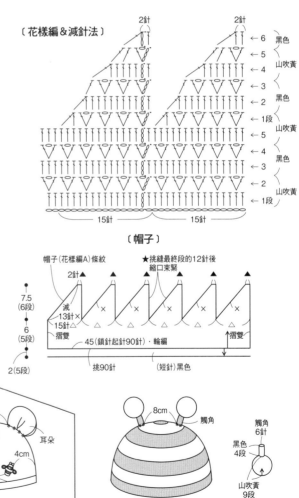

8cm
觸角
觸角
6針
黑色
4段
山吹黃
9段

71

37 P25 • 無尾熊造型圍巾

材料

線：Hamanaka Amerry（並太）綠色
（13）、檸檬黃（25）各20g、山吹黃
（31）15g、焦茶色（9）少許

針：6號棒針2支・5/0號鉤針

密度

起伏針20針 × 37段＝10cm 正方形

織法

※取1條織線，以6號棒針編織圍巾本
體，5/0號鉤針鉤織絆帶、貼布縫織片。

1 棒針起針開始編織圍巾。編織每26
段換色的起伏針條紋，配色為剪線換色。

2 圍巾的左右兩端，編織起點織1針滑
針（移至右針上）時，以編織上針的要領
由外往內穿入棒針後滑出針目，邊端針目
就會形成鎖狀。

3 編織208段後，最終段休針，織線穿
入毛線針，挑縫針目後縮束成半圓形，再
綴上毛線絨球。

4 挑縫起針針目，穿線拉緊後即可縮束
成半圓形。

5 鉤織無尾熊的臉部、耳朵、鼻子織
片。依圖示將鼻子與耳朵接縫於臉部，刺
繡眼睛與嘴巴後，縫在圍巾的起針側，再
將絆帶縫在背面。

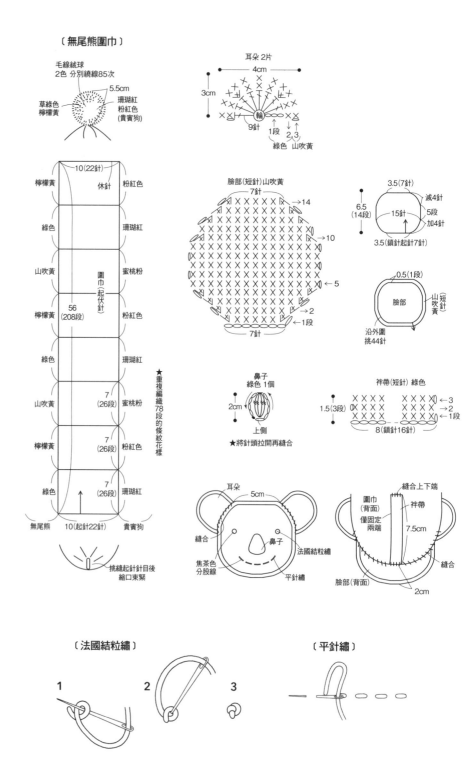

〔無尾熊圍巾〕

毛線絨球
2色 分別繞線85次

5.5cm

草綠色
檸檬黃
珊瑚紅
粉紅色
（貴賓狗）

耳朵 2片
4cm
3cm
9針
1段 2,3段
綠色 山吹黃

臉部（短針）山吹黃
7針
→14
→10
←5
←2
←1段
7針

鼻子
綠色 1個
2cm
上側
★將針頭拉開再縫合

絆帶（短針）綠色
→3
→2
←1段
8（鎖針16針）
1.5（3段）

3.5(7針)
減4針
5段
加4針
6.5
(14段)
15針
3.5（鎖針起針7針）

0.5(1段)
臉部
山吹黃（短針）
沿外圍
挑44針

檸檬黃 | 10(22針) | 粉紅色
休針
綠色 | 珊瑚紅
山吹黃 | 蜜桃粉
檸檬黃 | 圍巾（起伏針） | 粉紅色
56（208段）
綠色 | 珊瑚紅
山吹黃 | 蜜桃粉
檸檬黃 | 7（26段） | 粉紅色
綠色 | 7（26段） | 珊瑚紅
無尾熊 | 10(起針22針) | 貴賓狗

★重複編織78段的條紋花樣

挑縫起針針目後縮口束緊

耳朵
5cm
縫合
鼻子
焦茶色
分股線
法國結粒繡
平針繡

縫合上下端
圍巾（背面）
絆帶
僅固定兩端
7.5cm
臉部（背面）
縫合
2cm

〔法國結粒繡〕
1 2 3

〔平針繡〕

72

39 P26 ● 兔子造型頭套

材料

線：Hamanaka Amerry（並太）蜜桃粉（28）100g、Hamanaka Lupo（極太仿毛皮）原色（1）20g

針：6號棒針2支、4支・10號棒針4支

密度

6號棒針編織平面針19針×27段・花樣編19針×32段＝10cm 正方形

織法

※取1條織線，以6號棒針編織Amerry，10號棒針編織Lupo。

1　別線起針，輪編進行脖圍的22段平面針，中央12針織套收針。

2　以往復編進行75針的花樣編。2段的引上針在織完第1、第2段後，第3段是將棒針穿入第1段，第3段則是穿入第2段，一次編織2段。

3　在帽頂後中央進行減針，引拔綴縫休針針目。

4　在脖圍下緣與臉側挑針，以仿毛皮的Lupo編織平面針，最後織套收針固定。

5　編織耳朵後分別縫合，再固定於連帽的左右兩側。

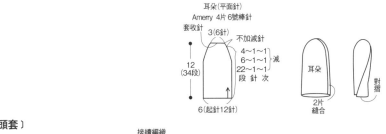

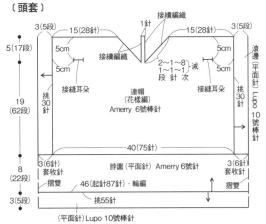

〔頭套〕

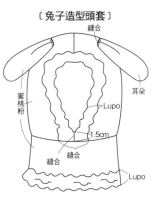

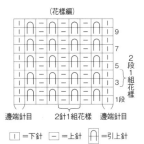

〔兔子造型頭套〕

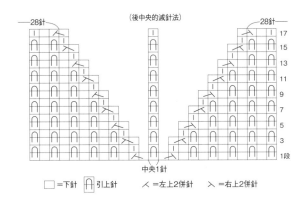

40 P26 ● 獅子造型頭套

材料

線：Hamanaka Amerry（並太）山吹黃（31）60g、橘色（4）20g、焦茶色（9）10g・Hamanaka Lupo（極太仿毛皮）淺茶色（3）25g

織法

※針具與密度同上方的兔子造型頭套。s依圖示配色編織帽子本體與耳朵後，縫上耳朵。

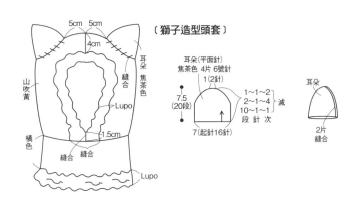

〔獅子造型頭套〕

41 P27 • 大象隨身小包

材料

線：Hamanaka Wanpaku Denis（並太）藍色（47）35g、原色（2）・鐵灰色（16）各少許

配件：棉花少許

針：5/0號鉤針

密度

短針20針 × 22段＝10cm 正方形

織法

※取1條織線，以5/0號鉤針鉤織。

1 鎖針起針，以藍色線由袋底中央開始鉤織小包，如圖示在鎖針兩側鉤織短針，並且在左右加針，織成橢圓形。

2 接續鉤織袋身，在袋口側6處進行減針，縮小袋口。

3 鉤織象鼻與左右對稱的耳朵織片。象鼻填入棉花，調整形狀後捲針縫於袋身，兩側縫上耳朵。

4 鉤織蝦編繩，縫在包包兩脇邊內側。

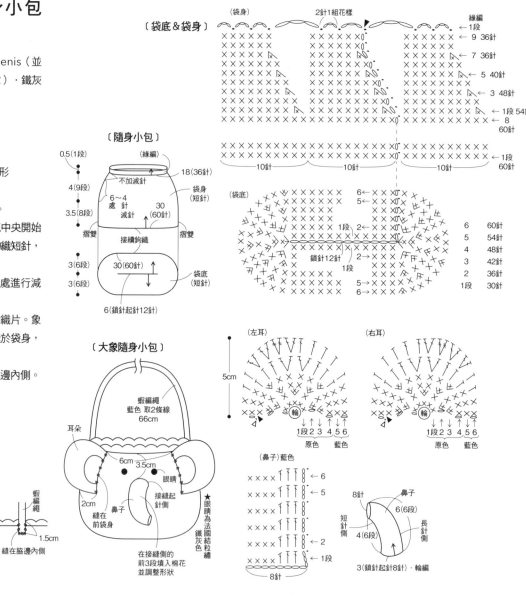

〔蝦編繩〕

1・2 鉤織起針的鎖針，鉤針抵住織線旋轉一圈，織出鬆鬆的針目後，鉤織2針鎖針，再依圖示挑針鉤織短針。

3 往左轉動織片，鉤織第2針。

4～6 挑下方針目的2條線，鉤織短針。

7～9 一邊往左轉動織片一邊鉤織短針，結束時直接引拔短針。

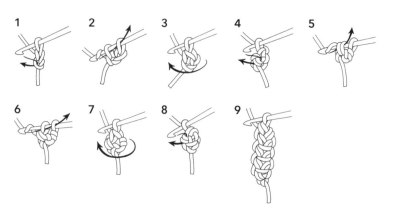

42 P27 • 熊造型隨身小包

材料

線：Hamanaka Wanpaku Denis（並太）咖啡歐蕾（58）35g、原色（2）、焦茶色（13）各少許

針：5/0號鉤針

密度

短針20針 × 22段＝10cm 正方形

織法

※取1條織線，以5/0號針鉤織。

1 包包本體與蝦編繩織法同P74大象造型隨身小包，以咖啡歐蕾色鉤織。

2 鉤織耳朵縫在袋身前側。鉤織吻部與鼻子織片，依圖示將鼻子縫在吻部，刺繡後縫於袋身，刺繡眼睛後，再縫上蝦編繩背帶。

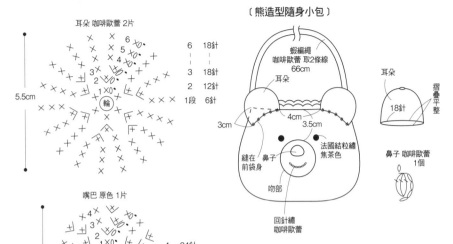

耳朵 咖啡歐蕾 2片

5.5cm

6　18針
3　18針
2　12針
1段　6針

嘴巴 原色 1片

3.5cm

4　24針
3　18針
2　12針
1段　6針

〔熊造型隨身小包〕

蝦編繩
咖啡歐蕾 取2條線
66cm

耳朵

耳朵

摺疊平整
18針

鼻子 咖啡歐蕾
1個

法國結粒繡
焦茶色

縫在前袋身

鼻子

4cm

3.5cm

3cm

吻部

回針繡
咖啡歐蕾

18 P16 • 貓熊外套＆長褲的長褲

★外套材料、織法請見P56。

織法

1 單純以黑色鉤織，鎖針起針以外套衣身相同的花樣編鉤織長褲，再以花樣編B鉤織褲腰。

2 鉤織2片完全相同的左右褲管，鎖針併縫下襠與上襠。

3 在褲腳鉤織緣編B。內摺褲腰反摺份，一邊夾入接縫成圈的鬆緊帶，一邊縫合固定。

〔長褲的花樣編〕

54針

褲腰

（緣編B）

3針1組花樣

48cm

反摺份

鬆緊帶

穿入鬆緊帶後縫合

褲腰

3段

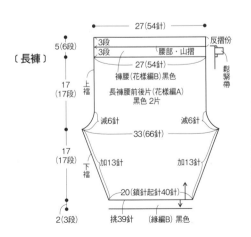

〔長褲〕

5(6段)

27(54針)

3段
3段　腰部・山摺
27(54針)

褲腰（花樣編B）黑色

長褲腰前後片（花樣編A）黑色 2片

17
(17段)
上襠

17
(17段)
下襠

2(3段)

減6針　　減6針

33(66針)

加13針　　加13針

20(鎖針起針40針)

挑39針　（緣編B）黑色

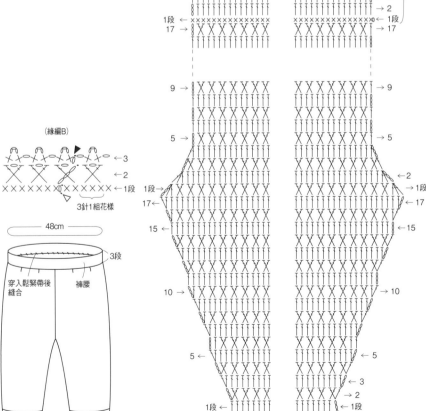

40針

75

33 P23 • 小熊與蜜蜂外套&帽子的小熊玩偶

★外套&帽子材料、織法請見P70。

材料

線：Hamanaka Exceed Wool FL
（合太）茶色（205）15g、原色
（201）少許

配件：直徑5mm 黑色圓形鈕釦2顆・寬4
mm 緞帶30cm・棉花約7g

針：5號棒針2支・5/0號鉤針

密度

平面針24針 × 32段＝10cm 正方形

織法

※取1條織線，以5號棒針編織平面針，
5/0號針鉤織耳朵與吻部。

1　以平面針編織2片完全相同的身體織
片。棒針起針8針，編織12段作出一腳
後暫休針。另一腳編至13段，編織終點
側織1針捲加針，再接續編織先前暫休
針的一腳。

2　以捲加針起針作出手臂，上方終段
織套收針。先加針再減針編織頭部，收
針段織套收針。

3　將2片身體織片正面相對疊合，沿外
圍回針縫一圈。翻回正面後填入棉花，
再縫合返口。

4　在填入棉花的身體頸圍進行縮縫，
兩脇渡線後拉緊，調整形狀。

5　縫上吻部、耳朵、眼睛，在頸部繫
上緞帶打蝴蝶結。

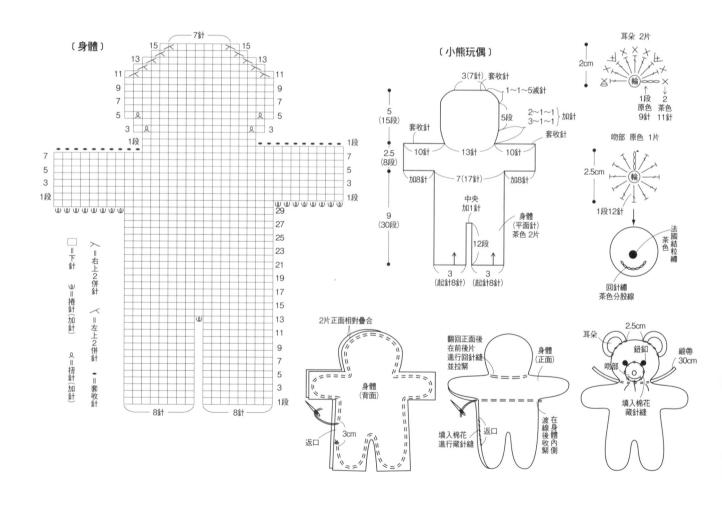

棒針編織記號＆針法

符號	名稱	1	2
｜	下針		
一	上針		
∩	引上針		
⋀	左上2併針		
⋋	右上2併針		
⋔	中上3併針		
⋎	左加針		
Ｙ	右加針		
○	掛針		
✕	左上交叉		
✕	右上交叉		
∨	滑針		
⑳	捲針		
Ω	扭針（加針）		

棒針編織基礎

起針

線頭預留約編織長度3倍的織線。手指繞線起針針目具有伸縮性，完成的針目算作一段。

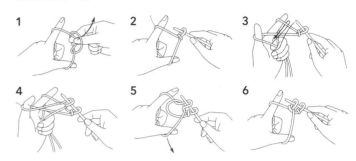

別線起針

以別線鉤織多於必要針數的鎖針針目，接著在每一針鎖針裡山挑出編織線的針目，開始編織。最後解開別線鎖針，挑針後編織鬆緊針等針目。

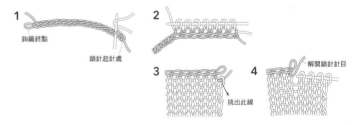

挑針併縫

將兩織片併攏對齊，交互挑縫邊端針目第1針內側或中央。

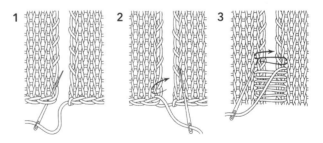

引拔併縫

織片正面相對疊合，一對一挑起相對的2針目，鉤織引拔針接合。

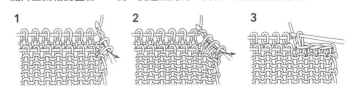

鉤針編織記號＆針法

 鎖針

 引拔針

 短針 1針

 中長針 2針

 長針 3針

 長長針 4針

 2併針（中長針）

 3併針（長針）

 玉針（3長針）

長針的表引上針

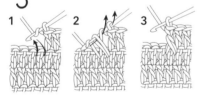

長針的裡引上針

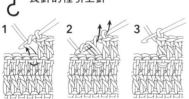

鉤針編織基礎

××××××× 3鎖針的結粒針（短針織片）

鉤織短針後，接著鉤織3針鎖針，挑短針針頭的內側半針與針腳1條線，掛線後引拔固定。

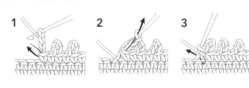

織片的引拔接合

鉤織織片最終段的2針鎖針後（5針場合），第3針挑束鉤織相鄰織片的鎖針束，鉤織引拔針接合，再鉤織餘下的2針鎖針。

引拔針的線繩（雙重鎖針）

鎖針起針鉤織必要針數後，鉤織立起針的1針鎖針，一邊挑鎖針的裡針，一邊往回鉤織引拔針。

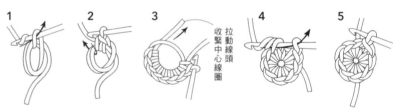

輪狀起針

手指繞線2次後取下線圈，鉤針穿入捲繞的2線圈，掛線鉤出，鉤織針目。鉤織必要針數後拉線頭，收緊中心的線圈，挑第1針針頭鉤引拔針固定針目。

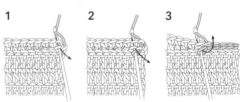

引拔併縫

兩織片正面相對疊合，鉤針穿入織片邊端相對的鎖針半針，鉤織引拔針接合。

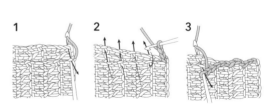

鎖針綴縫

兩織片正面相對疊合，鉤織織片高度（短針1針，長針3針）的鎖針，鉤針穿入邊端各段針目的針頭鉤引拔或短針接合。

國家圖書館出版品預行編目資料

軟萌穿搭日常 可愛動物造型手織服42款/川路佑三子著；
林麗秀譯. -- 初版. -- 新北市：雅書堂文化事業有限公司,
2021.10
面； 公分. -- (愛鉤織；70)
譯自：ベビーニットでかわいい動物さんにな〜れ!
ISBN 978-986-302-598-6(平裝)

1.編織 2.手工藝

426.4   110014390

作者的話

若能為寶寶親手製作些什麼該有多好，你是否曾如此想過呢？

即使不太擅長也沒關係，

只要能夠為心愛的寶貝親自動手，心中就會充滿愉悅。

本書中收集了許多讓寶寶看起來更加可愛的動物造型編織作品。

宛如玩偶裝一穿上就能化身為萌萌的小熊，

或是以梗犬織片的貼布縫作為重點裝飾，

可以隨時和動物朋友們在一起，寶寶一定也會愛不釋手。

希望一針一針滿懷關愛之情的手織服，能夠為你和寶寶帶來滿滿的幸福。

【Knit・愛鉤織】70

軟萌穿搭日常
可愛動物造型手織服42款

作　　者／川路佑三子
譯　　者／林麗秀
發 行 人／詹慶和
執行編輯／蔡毓玲
編　　輯／劉蕙寧・黃璟安・陳姿伶
執行美編／陳麗娜
美術編輯／周盈汝・韓欣恬
出 版 者／雅書堂文化事業有限公司
發 行 者／雅書堂文化事業有限公司
郵撥帳號／18225950
戶　　名／雅書堂文化事業有限公司
地　　址／新北市板橋區板新路206號3樓
電　　話／（02）8952-4078
傳　　真／（02）8952-4084
網　　址／www.elegantbooks.com.tw
電子郵件／elegantbooks@msa.hinet.net

2021年10月初版一刷 定價 380 元

ベビーニットでかわいい動物さんにな〜れ!
© YUMIKO KAWAJI 2017
Originally published in Japan by Shufunotomo Co., Ltd.
Translation rights arranged with Shufunotomo Co., Ltd.
Through Keio Cultural Enterprise Co., Ltd.

經銷／易可數位行銷股份有限公司
地址／新北市新店區寶橋路235巷6弄3號5樓
電話／(02)8911-0825
傳真／(02)8911-0801

設計 **川路 佑三子**

生於日本京都市。

婚後重拾自幼喜愛的編織，正式學習至次男出生後，便以自由設計者的身分開始從事編織工作。著有《川路ゆみこのベビーニット 可愛いベストセレクション》、《オーガニックコットンで編む可愛いベビーニット》、《手編みが可愛いバッグ＆ポーチ》、《刺しゅう糸・かぎ針編み de ちいさくてかわいいもの》(以上皆為主婦之友社出版) 等。目前居住在大阪府吹田市。

HP　http://apricot-world.com

作品製作
穴瀬圭子
植田寿々
桂木里美
小井土玲子
白川 薫
西村久実
山本智美

美術總監
昭原修三

版面設計
植田光子

攝影
松木 潤（主婦之友社攝影課）

插畫
綾 幸子

作法製圖
中村洋子　中村 亘

編輯協力・造型設計
吹石邦子　中濱ふみよ

責任編輯
小野貴美子

模特兒 Girls
足立 有
ギザ瞳美
シャバン咲美
ジョンストン恵里花
高木玖瑛
マクドナルド・ヴィヴィアン・リー
モラン・キーラ
ラベンダー・アリス

Boys
アレン茉柊
井上リアム呂亞
高木琉珂
ディアス・レネ聖
藤本風悟
モベ・ヨアン
ラジャビ・エンリケ

50~80cm

嬰幼兒
織物作品集

50~80cm

嬰幼兒
織物作品集